AF549795

Bernstein – Faszinierende fossile Harze aus aller Welt

Vorkommen, Vielfalt, Eigenschaften und Verwendung

»Bernstein … ist mit solch einer Fülle faszinierender Fragen verbunden, dass er das Interesse eines Physikers, eines Chemikers, eines Geologen, eines Geografen, eines Botanikers, eines Zoologen und eines Archäologen oder Kunsthistorikers wecken könnte.«

Marian Raciborski
(Bernstein und die Pflanzen des Bernsteinwaldes, 1891)

Barbara Kosmowska-Ceranowicz

Bernstein –

Faszinierende fossile Harze aus aller Welt

Vorkommen, Vielfalt, Eigenschaften und Verwendung

Bursztyn w Polsce i na świecie
Übertragung aus dem Polnischen von Anselm Krumbiegel

Sax  Verlag

Abbildungen Einband	Fotografien Einband-Titelseite: Durchsichtiger baltischer Bernstein (Sammlung des Museums der Erde, Warschau © M. Kazubski) Rückseite oben links: An einem Harztropfen festgeklebte Ameise, © M. Kazubski Kleine Bernsteinabbildungen (von oben nach unten) (Sammlung des Museums der Erde, Warschau © M. Kazubski): 1. Undurchsichtiger baltischer Bernstein mit Skelettresten von Moostierchen 2. Durchsichtiger äthiopischer Bernstein 3. Dominikanischer Bernstein 4. Dominikanischer Bernstein unter UV-Licht 5. Burmesischer Bernstein 6. Indonesischer Glessit 7. Durchscheinender Bitterfelder Bernstein (Succinit)

Impressum

Bibliografische Information der Deutschen Nationalbibliothek
Die Deutsche Nationalbibliothek verzeichnet diese Publikation in der Deutschen Nationalbibliografie; detaillierte bibliografische Angaben sind im Internet über http://dnb.d-nb.de abrufbar.

ISBN 978-3-86729-244-3
ISBN E-Book (PDF): 978-3-86729-557-4

1. Auflage 2020

Layout und Einbandgestaltung: Birgit Röhling, Markkleeberg
www.sax-verlag.de

Inhalt

Vorwort 7

Einführung 9
Das Interesse an Bernstein 9
Mythen und Legenden 11

Terminologie 13

Das Alter fossiler und subfossiler Harze 17

Die Herkunft des Bernsteins 22

Baltischer Bernstein (Succinit) und seine Eigenschaften 29
Eine Methode zur Bestimmung von Succinit 35
Bernsteinformen 36
Eine Fülle von Bernsteinvarietäten 46
Tierische Inklusen im Bernstein 54
Anorganische Inklusen im Bernstein 59

Andere fossile Harze 63
Akzessorische fossile Harze 64
Die fossilen Harze Europas 76
Die fossilen Harze Asiens 83
Die fossilen Harze Amerikas 92
Die fossilen Harze Afrikas 101

Subfossile Harze 104

Bernsteinlagerstätten 116
Paläogene Lagerstätten 116
Pleistozäne und holozäne Lagerstätten 124

Bernsteinerzeugnisse. Schmuck und Ziergegenstände 133
Bearbeitungsmethoden von Rohbernstein 137

Inhalt

Sammlungen fossiler Harze.
Auf der touristischen Bernsteinstraße **140**
Danzig – die Welthauptstadt des Bernsteins 140
Die Bernsteinstraße in Litauen,
Lettland und im Kaliningrader Gebiet 142
Bernstein in Russland 144
Bernstein in Österreich 145
Die Bernsteinstraße in Polen 146

Bernsteinimitationen **155**
Imitationen aus subfossilen Harzen – Kopal 156
Imitationen aus synthetischen Harzen 157

Anhang **161**

Die Klassifizierung von Schmucksteinen aus baltischem Bernstein (Succinit) und die Klassifizierung von Imitaten des baltischen Bernsteins (Succinit) 161
Literatur 162
Register 170
Dank 175
Zur Autorin 176

Vorwort

Bernstein fasziniert die Menschen unterschiedlicher Kulturen seit Urzeiten bis heute. Und allein das Wort verlangt in manchen Sprachen eine Erklärung. Denn wie kann ein »Stein« im Salzwasser schwimmen und warum heißt er im Schwedischen »Brennstein« (bärnsten), wohin die Wortherkunft auch im Deutschen führt (bernen – brennen)? Dass Bernstein brennt, deutet bereits darauf hin, dass es sich offensichtlich nicht um eine anorganische, sondern wie Kohle im weiteren Sinne um eine organische Substanz handelt, die brennt. Wie Weihrauch verströmt Bernstein dabei einen würzigen Duft, denn beide Substanzen gehören zu ein und derselben Stoffgruppe, den Harzen – Weihrauch von heute lebenden harzabscheidenden Pflanzen produziert, Bernstein vor Millionen Jahren entstanden.

Umgangssprachlich bezeichnet »Bernstein« eben dieses fossile Harz. Die meisten bringen es mit einem begehrten selbst gesammelten Souvenir von einem Spaziergang am Ostseestrand in Verbindung oder mit einem etwas teureren Mitbringsel in Form eines Schmuckstücks aus künstlerisch verarbeitetem fossilem Harz. In den überwiegenden Fällen handelt es sich dabei um Succinit, die häufigste Art fossiler Harze. Nur wenige wissen, dass es weltweit noch ca. einhundert weitere fossile Harze gibt, die entweder zusammen mit dem Succinit als sogenannte Begleit- oder akzessorische Harze oder auch unabhängig davon vorkommen. Genannt seien Ajkait aus Ungarn, Duxit aus Tschechien, Rumänit aus Rumänien und der Türkei oder Goitschit aus dem ehemaligen Tagebau Goitsche bei Bitterfeld in Deutschland. Auch die Entstehungszeit und damit die Entstehungsgeschichte der fossilen Harze sind sehr unterschiedlich. So stammen die ältesten bekannten fossilen Harze aus Steinkohlenlagerstätten in Illinois, USA, aus dem Karbon (Pennsylvanium), deren Alter mit ca. 320 Mio. Jahre ermittelt wurde (Bray & Anderson 2009).

Unter »bernsteinfarben« wird ein mehr oder weniger kräftiges Gelborange verstanden. Das Spektrum der Bernsteinfarben ist jedoch weitaus vielfältiger und umfasst – schließt man die subfossilen Harze, wie Kopal, mit ein – nahezu die gesamte Farbpalette. Es reicht von weiß (Knochenbernstein – Varietät des Succinits) über gelb, orange bis rot (z. B. Simetit aus Sizilien), blau (z. B. Glessit aus

Borneo – mit blauer Fluoreszenz), grünlich (Kopal aus Kolumbien), bis braun (z. B. Beckerit), grau (Siegburgit) und schwarz (Stantienit). So vielfältig wie die Farben sind auch die Formen, die man in der Natur findet und die Aufschluss über die Entstehung des Fundstückes an und in der Mutterpflanze geben. In unterschiedlichen Perioden der Erdgeschichte – seit dem Karbon bis heute – existierten und existieren zahlreiche Pflanzenarten, die die »Mutterbäume« der fossilen, subfossilen und heutigen Harze waren und sind. Und schließlich ermöglichen Einschlüsse von Pflanzen und Tieren, aber auch von Luft und Wasser, Schlussfolgerungen über die Lebensbedingungen während der Entstehungszeit der heutigen »Bernsteine«.

Im vorliegenden Buch möchte die Autorin einen Überblick über die Vielfalt der angerissenen und weitere Themen geben, die Bernstein im entfernteren Sinne direkt betreffen – Alter, Herkunft, Eigenschaften, Mannigfaltigkeit fossiler und subfossiler Harze, Lagerstätten –, und sie stellt Ausschnitte aus der Vielfalt der Verarbeitung des Bernsteins vor. Schönes, Seltenes und Teures haben schon immer zu Nachahmung und Fälschung geführt, und daher wird auch dieser Aspekt berücksichtigt. Weltweit existieren zahlreiche naturwissenschaftliche und kunsthistorische Sammlungen, die sich ausschließlich oder hauptsächlich der natürlichen Vielfalt fossiler Harze und deren künstlerisch verarbeiteten Formen widmen. Sie dienen nicht nur der fachlich vielfältigen wissenschaftlichen Erforschung, sondern wesentlich auch der Dokumentation der kunsthandwerklichen Vielfalt, zu der Bernstein herausfordert. Informationen über ausgewählte bedeutende Sammlungen und touristische Angebote bilden ein weiteres Kapitel.

Das Buch stellt Fakten vor, die Begründungen dafür liefern, warum sich Wissenschaftler unterschiedlichster Disziplinen dem Thema »fossile Harze« widmen und davon begeistert sind, und es versucht gleichzeitig, anhand der zahlreichen Abbildungen die Schönheit des Bernsteins zu vermitteln und zum Staunen anzuregen.

Das Buch wäre ohne die große Unterstützung durch Michał Kazubski (Museum der Erde in Warschau) nicht möglich gewesen. Für die hilfreichen Hinweise und vor allem die Anfertigung zahlreicher neuer Fotos und anderer Illustrationen gebührt ihm großer Dank.

Anselm Krumbiegel

Einführung

Das Interesse an Bernstein

Bernstein? – Er ist allenthalben als einer der verbreitetsten Schmucksteine bekannt. Talismane, Fetische und Schmuck – alle aus ungefähr derselben Zeit – zeugen vom Interesse an Bernstein bereits in prähistorischer Zeit. Zuerst waren es die Neugier und das Aha-Erlebnis bei einem zufällig gefundenen Bernsteinklumpen. Heute beschäftigen sich Geologen mit Bernsteinlagerstätten, der Erkundung und dem Abbau. Mineralogen, Physiker und Chemiker untersuchen seine Eigenschaften und Herkunft. Gemmologen arbeiten an geeigneten Methoden, um Schmucksteine sicher von Fälschungen zu unterscheiden und die schönsten Facetten der Steine zu präsentieren. Für Paläoentomologen ist Bernstein mit seiner Vielfalt an eingeschlossenen Arthropoden in manchmal solch hervorragender Erhaltung, dass kleinste innere Organe sichtbar sind, besonders wertvolles Untersuchungsmaterial, und Paläobotaniker versuchen Waldgesellschaften anhand der extrem seltenen zarten pflanzlichen Überreste zu rekonstruieren.

Baltischer Bernstein. Sammlung des Museums der Erde, Warschau © J. Kupryjanowicz

Archäologen und Historiker bilden historische Bernsteinwerkstätten nach. Auch die Handelsstraßen, die den Mittelmeerraum mit dem Norden Europas verbanden, zeugen von der besonderen

Bedeutung des Bernsteins bei der Entwicklung von Handelsbeziehungen. Beim Studium von Legenden, Glaubensvorstellungen und der Volksmedizin stoßen Ethnografen immer wieder auf die große Rolle von Bernstein in der Materialkultur bestimmter Regionen. Kunsthistoriker untersuchen und beschreiben die Werke alter Meister, äußern sich zu Erbstücken und zu den Schöpfern prunkvoller Stücke. Fokussiert auf das Sammeln von Kulturerbe und den Schutz von Naturobjekten, tragen Museologen Bernsteinsammlungen von wissenschaftlichem und ästhetischem Wert zusammen und erhalten und restaurieren die Stücke. Sie forschen und organisieren Ausstellungen, um dieses sogenannte organische Mineral bekanntzumachen. Und schließlich sind da noch zahlreiche Bernsteinkünstler und -handwerker, die in Polen und weiteren Ostseeanrainerländern den Rohbernstein aus neu erschlossenen Lagerstätten früher unbekannter Harze für in- und ausländische Kunden bearbeiten.

Bernstein spielte eine wesentliche Rolle im Kontakt zwischen den südlichen Zivilisationen und dem Norden des europäischen Kontinents. Rohbernstein war bereits für die Menschen im Paläolithikum als Material für Amulette von Interessse und später ebenso für Schmuck. Im Neolithikum entstanden außergewöhnlich zahlreiche Bernsteinwerkstätten in Niedźwiedziówka (Bärwalde) im polnischen Weichsel-Nogat-Delta, wo Bernsteinhandwerker Rohbernstein auch für den gewerblichen Handel auf den Handelsrouten kauften. Und das waren nicht die einzigen prähistorischen Werkstätten auf dem Gebiet des heutigen Polen. Bernsteinhandwerkskunst aus der Zeit römischen Einflusses (Ende des 4. und erste Hälfte des 5. Jahrhunderts u. Z.) wurde in Świlcza bei Przemyśl in Südost-Polen und an vielen anderen Stellen (frühestens aus dem 3. Jahrhundert u. Z.) entdeckt, so in Jacewo (Jazewo), Łojewo (Lojewo), Inowrocław (Hohensalza), Kuczkowo und Gąski (Eigenheim) in der Kujawy-Region (Kujawien) (Cofta-Broniewska 1999) und in Biskupice bei Pruszkówin der Mazovie-Region (drei Werkstätten).

Bereits gut durch archäologische Funde dokumentiert, zeigen die »Bernsteinstraßen« aus der Zeit des römischen Einflusses die Haupthandelsrouten, die die Zivilisationen des Mittelmeergebietes mit den »Barbaren« im Norden verbanden. Der Warenaustausch verlief in beide Richtungen, und obwohl die Waren aus dem Süden hinsichtlich ihrer fortschrittlichen Techniken beeindruckten, lockte der Norden mit Erzeugnissen aus Bernstein.

Mythen und Legenden

Den wissenschaftlichen Theorien zur Herkunft des Bernsteins gingen Mythen und Legenden voraus, von denen einige über Jahrhunderte die Art und Weise der Erkundung von Aufschlüssen und Lagerstätten beeinflussten. Die älteste griechische Sage berichtet von Helios' Sohn Phaeton, dessen Vater ihm erlaubte den Sonnenwagen zu fahren. Helios indes hatte nicht damit gerechnet, dass dies die Fähigkeiten seines Sohnes übersteigen würde: Phaeton brachte die Sonne zu nah an die Erde heran und versetzte diese in Feuer. Die brennende Erde rief Zeus um Hilfe an, worauf hin dieser dem leichtfertigen Phaeton einen Blitzstrahl entgegenschleuderte. Der verwundete Junge fiel wie eine lebendige Fackel in den mythischen Eridanus-Fluss. Phaetons Schwestern, die Heliaden, die um ihn am Flussufer trauerten, wurden in Pappeln verwandelt, während ihre Tränen, die ins Wasser fielen, zu goldenem Elektron (Bernstein) wurden. Nach dem mythischen Eridanus – ein an Bernstein reicher Fluss – wurde überall gesucht, jedoch vergebens. Sogar der polnische Fluss Radunia wurde in der Literatur als möglicher Eridanus erwähnt. Heute wird dieser Name mit einem hypothetischen Fluss

Peter Paul Rubens *Phaetons Fall.*
Königliches Museum der Schönen Künste Belgiens, Brüssel © East News

während des Tertiärs in Verbindung gebracht, der aus den nördlichen bernsteinliefernden Wäldern Fennoskandiens nach Süden floss und den Bernstein ins damalige eozäne Meer spülte.

In der polnischen Kurpie-Region versetzt uns eine Legende, die dank des lokalen Ethnografen Adam Chętnik überlebte, in eine polnische Landschaft während einer Flut, die auf 40 Tage Regen folgte. Die Tränen der Menschen, die wegen ihres Schicksals weinten, verwandelten sich, wie in der alten Sage, in Bernstein. Die Legende liefert auch eine besondere Erklärung für die Bernsteinvarietäten: Die Tränen von unschuldigen Menschen, Kindern und anderen »Armen« wurden »reiner und klarer« Bernstein, der sich für schönste Erzeugnisse eignet. Die Tränen von »Büßern, Sündern und solchen, die bereuen«, wurden zu dunklem und undurchsichtigem Bernstein, der als Weihrauch und zur Herstellung von Pfeifen und Tabakdosen verwendet wird. Die Tränen von schlechten Menschen, »Gotteslästerern und Trinkern«, verwandelten sich in schmutzigen Bernstein, der nur zur Produktion von Farbe oder Teer genutzt werden konnte.

Eine regionale Legende aus der polnischen Region Kaschubien besagt, dass ein Blitz der unmittelbare Grund für die Entstehung des Bernsteins war. »Der Bernstein würde aufleuchten«, wo der Blitz in den Boden oder ins Wasser von Seen einschlägt, und dort solle man ihn nach Stürmen suchen« – pflegten die alten kaschubischen Bernsteinhandwerker zu sagen.

Es gibt eine weitere, nicht minder schöne Legende aus Litauen, der zufolge sowohl die Tränen als auch die Blitze die Ursache für das Vorkommen von Bernstein im Baltikum sind. Auf dem Meeresgrund, in einem Bernsteinschloss, lebte Jurata, eine wunderschöne Nymphe, die unsterblich in den jungen Fischer Kastytis verliebt war. Die Liebe einer Göttin zu einem Menschen erzürnte jedoch den mächtigen Gott Perkūnas furchtbar. Er zerstörte das Unterwasserschloss mit einem Blitz und verwandelte es in Bernsteinschutt. Er tötete Kastytis und kettete Jurata an die Ruinen des Schlosses. Die niedergeschmetterte Göttin vergoss bittere Tränen, aus denen heller Bernstein wurde. Wer Bernstein an den Ostseeküsten sammelt und dem Zauber der litauischen Legende verfallen ist, fragt sich demzufolge, welche der Stücke wohl von dem Bernsteinschloss stammen und welche Juratas Tränen sind.

Terminologie

Succinit, auch als baltischer Bernstein oder einfach Bernstein bezeichnet, ist das bekannteste fossile Harz. Er besitzt die längste Tradition und über ihn existiert die umfangreichste Literatur, die bis in die Antike zurückreicht. Die Bezeichnung »Succinit« wurde erstmals in den Mineralienverzeichnissen aus dem Jahr 1820 von August Breithaupt (1791–1873), einem Mineralogieprofessor an der Freiberger Bergakademie, verwendet (Breithaupt 1820). Sie hat ihren Ursprung in einem der Namen, der für Bernstein in der »Naturalis Historia« aus dem 1. Jahrhundert u. Z. von Plinius dem Älteren verwendet wurde: »Auch unsere Vorväter waren der Meinung, dass es der Saft (succus) eines Baumes ist, und aus diesem Grund gaben sie ihm den Namen ›Succinum‹« (Buch XXXVII).

Dieselbe fossile Harzart (nicht zu verwechseln mit einer Varietät) kommt in der Ukraine vor (ukrainischer Bernstein, nach der gleichnamigen Stadt auch als Rivne-Bernstein bezeichnet) und in Mitteldeutschland (nach seiner Herkunft als sächsischer oder Bitterfelder Bernstein bekannt). Einzelne Succinitfunde wurden ebenso aus Sibirien und Nordamerika beschrieben, wie z. B. von den kanadischen Inseln Axel Heiberg und Somerset.

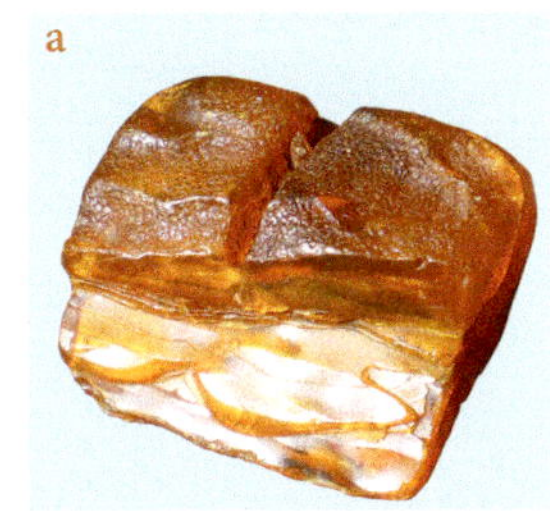

Succinit: a) Baltischer Bernstein © B. Kosmowska-Ceranowicz; b) Ukrainischer Bernstein © B. Kosmowska-Ceranowicz; c) Sächsischer bzw. Bitterfelder Bernstein, unterschiedliche Varietäten. © M. Kazubski. Sammlung des Museums der Erde, Warschau

Dominikanischer Bernstein ist für gewöhnlich transparent und goldgelb; Rohbernstein. Sammlung der Cumbre Minen und Fabrik, Dominikanische Republik
© J. Fudala

In den paläogenen Lagerstätten des Samlandes (in dem an Polen grenzenden Teil des Kaliningrader Bezirkes, Russland), in der West-Ukraine, in Deutschland bei Bitterfeld und in der Lausitz kommt Succinit zusammen mit anderen fossilen Harzen vor. Diese erhielten ihre Mineralnamen im 19. und 20. Jahrhundert: Gedanit wurde nach dem lateinischen Namen für Gdańsk (Danzig) – »Gedanum« benannt, Glessit nach »glaesum«, eine Bezeichnung für Bernstein, der, wie von Tacitus beschrieben, vom Stamm der Astii verwendet wurde. Stantienit und Beckerit wurden nach den Gründern der Bernsteinmanufaktur Stantien & Becker in Königsberg, die Bernstein im Samland abbauten, benannt. Im Jahr 1970 bezeichnete der bedeutende russische Bernsteinexperte Swiatoslaw Sawkiewitsch aus Leningrad (heute Sankt Petersburg) ein Harz, das zusammen mit Succinit in russischen Lagerstätten gefunden wurde, als Gedano-Succinit (Sawkiewitsch 1970).

Die Namen für Siegburgit (nach der Stadt Siegburg im Rheinland) und Goitschit (nach der Bernsteinlagerstätte Goitsche bei Bitterfeld) wurden in Mitteldeutschland geprägt. Abgesehen von Stantienit hat kein anderes Schwarzharz, das in all seinen Lagerstätten zusammen mit Succinit vorkommt (mit seinem größten Vorkommen bei Bitterfeld), einen eigenen Mineralnamen erhalten.

Außerhalb der Verbreitungsgebiete des baltischen Bernsteins wurden über die Jahre mehr als einhundert andere fossile Harze gefunden, untersucht, beschrieben und von ihren Entdeckern benannt. Unter altem Schmuck finden sich Stücke aus Simetit (sizilianischer Bernstein) und Rumänit (fossiles Harz aus Rumänien und von Sachalin). Alte figürliche Bernsteinskulpturen wurden meistens aus Burmit hergestellt, einem fossilen Harz, das in Birma (heute Myanmar) gewonnen und in China verarbeitet wird.

Neue fossile Harzarten werden nach ihrer Herkunft benannt, die oft mit der Verbreitung verschiedener Arten harzabscheidender Bäume übereinstimmt, nach ihren unterschiedlichen Eigenschaften und ihrem Chemismus, die von den Umweldbedingungen während der Sedimentation abhängen. Früher wurden solche Unterschiede manchmal nicht erkannt.

Bei der Suche nach Bernstein am Ostseestrand, beim Fischen danach im Meer oder (wie sich erst kürzlich gezeigt hat) beim Abbau in den Samländischen Lagerstätten wurden auch andere, vor allem akzessorische Harze gefördert. Wie Bernstein besitzen diese ebenfalls ein geringes spezifisches Gewicht, sind gelb und fühlen sich ganz anders an als die skandinavischen Kiesel, die ebenso am Strand liegen. Diese Harze haben verschiedene, manchmal mehr oder minder korrekte Namen. Für die einheimischen Bernsteinsammler ist dies junger Bernstein oder dunkleres Kolophonium, das meist noch klebrig ist. Verkäufer bieten diese Stücke dennoch irrtümlich als Kopal oder fälschlich als Gedanit an. Die korrekte Bestimmung dieser für gewöhnlich subfossilen Harze kann sehr schwierig sein und bedarf eingehender Untersuchungen.

Problematisch ist es, wenn Namen bisher nicht untersuchter fossiler Harze verwendet werden. Wie ist der Status einer regionalen Bezeichnung »Bernstein«, die durch ein Adjektiv beschrieben wird, um die geografische Herkunft zu dokumentieren? In einem solchen Fall ist mit »Bernstein« nur ein fossiles Harz gemeint, nicht unbedingt gleichbedeutend mit Succinit. Beispielsweise kommen im weltweiten Schmuckhandel Artikel aus einem dunkelgelben, durchsichtigen fossilen Harz vor, die als Dominikanischer Bernstein bekannt sind, ebenso andere Erzeugnisse aus fossilem Harz, das »Mexikanischer Bernstein« genannt wird. Diese Bezeichnungen geben nur Auskunft über die geografische Herkunft, sagen aber nichts über ihre Genese, die sich über eine gemeinsame entstehungsbezogene Bezeichnung ausdrücken lässt.

Anfang der 1990er Jahre wurde aus Sarawak (Malaysia) ein neues fossiles Harz beschrieben, das dort in großen Mengen vorkommt. Die Entdecker bezeichneten es als Borneo-Bernstein. Die Lagerstätten dieses Harzes erwiesen sich als weit größer als die

Typische, in Haiti hergestellt Halskette aus dominikanischem Bernstein; in mehreren Perlen sind tierische Inklusen enthalten. Sammlung des Museums der Erde, Warschau © M. Kazubski

samländischen Vorkommen des baltischen Bernsteins. Borneo-Bernstein ist ein fossiles Harz, das an den europäischen Glessit erinnert, obwohl ihm andere Mutterbäume zugeordnet werden (Matuszewska 2019).

Die terminologischen Schwierigkeiten einerseits, die sich aus Sprachtraditionen ergeben, lassen sich nicht so einfach lösen, während andererseits Harze, die für die Schmuckherstellung geeignet sind, weiter auf dem Markt als Bernstein bezeichnet werden. Es existiert ein spezifisches Problem bezüglich der russischen Bezeichnung »jantar« für Bernstein, die in Polen verwendet wird. Kurz nach dem Zweiten Weltkrieg versuchte der Ethnograf Adam Chętnik diesen Begriff als slawische Bezeichnung einzuführen. Es stellte sich jedoch heraus, dass diese Bezeichnung finno-ugrischen Ursprungs ist und vom Russischen lediglich übernommen wurde.

Das Alter fossiler und subfossiler Harze

Fossiles Harz in sandig-tonigen Sedimenten bei Pleven, Bulgarien. Das paläogene Alter lässt sich nur anhand des Alters des umgebenden Gesteins ermitteln. Sammlung W. Krzemiński. © B. Kosmowska-Ceranowicz

Missverständnisse über das Alter von Bernstein entstehen oft aus vereinfachten Angaben über fossile Harze. Meist wird übersehen, dass man nicht das absolute Alter von Bernstein kennt. Alle in der Natur vorkommenden Mineralien, seien es Bernstein, ein organisches Mineral, oder Quarz, ein anorganisches und das in der Natur am weitesten verbreitete Mineral, entstanden in einem spezifischen Ökosystem. Heute kommen diese Minerale in geologischen Schichten vor, die die Erdkruste bilden, sodass nur das Alter der Sedimente bekannt ist, die diese Schichten gebildet haben, und zwar sowohl hinsichtlich des relativen als auch des absoluten Alters, das sich mit verschiedenen radiometrischen Methoden be-

Rekonstruktion einer Bernsteinwerksatt anhand archäologischer Untersuchungen in der frühmittelalterlichen Siedlung und dem Wikingerhafen von Truso am See Drużno (Drausensee), Polen. Aus einer Dauerausstellung basierend auf einem Skript von M. Jagodziński, dem Erforscher von Truso, im Archäologischen und Historischen Museum in Elbląg (Elbing), Polen. © B. Kosmowska-Ceranowicz

stimmen lässt. Daher ist es nur das Alter der bernsteinführenden Sedimente oder Gesteine, aus dem sich das Alter der fossilen Harze ableiten lässt.

Von fossilen Harzen ist das relative Alter bekannt (in der englischsprachigen Literatur auch als geologisches Alter bezeichnet). Das bedeutet, dass ein Harz

(1) älter ist, als das Gestein, in dem es heute gefunden wird, wenn es in einer sekundären Lagerstätte vorkommt, was für baltischen, ukrainischen oder Bitterfelder Bernstein zutrifft.

(2) gleichaltrig (isochronisch) ist, wenn der Bernstein in einer primären Lagerstätte vorkommt, wie z. B. Valchovit, ein fossiles Harz aus Mähren.

(3) jünger als das Gestein ist, sofern sich nur das Alter des Sediments oder des Gesteins unterhalb der bernsteinführenden Schichten bestimmen lässt.

Falls Bernstein von seiner primären oder sekundären Lagerstätte in eine andere Lagerstätte verbracht worden ist, erfordert selbst die Bestimmung des relativen Alters umfangreichere geologische Untersuchungen und die Untersuchung der Eigenschaften des Harzes.

Beispielsweise ist davon ausgzugehen, dass der baltische Bernstein in Hinblick auf sein relatives Alter mindestens aus dem späten Eozän stammt, da er in einer sekundären Lagerstätte, in den Schichten der Blauen Erde, vorkommt, die in das obere Eozän datiert werden. Das absolute Alter von Schichten des oberen Eozäns ist aus der geologischen Zeittafel ersichtlich, die 2004 von der Internationalen Kommission für Stratigrafie anerkannt wurde. Danach dauerte das obere Eozän von vor 37,2 bis vor 33,9 Mio. Jahren.

Die Altersbestimmung mittels Radiokarbonmethode, die auf der Ermittlung des Mengenverhältnisses von ^{12}C und ^{14}C Kohlenstoffisotopen beruht, und die für die Altersbestimmung von organischem Material verwendet wird, ist nur für ein Alter bis 60 000 Jahre anwendbar, sodass sie sich lediglich bei einigen subfossilen Harzen nutzen lässt.

Neuerdings wurde versucht, das Alter fossiler Harze mittels thermischer Analyse zu ermitteln: Thermogravimetrie (TG) und Differential-Thermogravimetrie (DTG). Derivatografen messen Änderungen der Masse bei Temperaturerhöhungen (Verluste oder Zunahmen) (TG) sowie den Umfang der Masseänderungen, der ebenfalls von der Temperaturänderung abhängt (DTG). Die Ergebnisse aus diesen Verfahren können zusammen mit anderen Untersuchungen hilfreich bei der Altersbestimmung durch die Interpretation des Grads der »Reife« der Harze sein. Gegenwärtig ist allerdings die endgültige Festlegung auf eine bestimmte Methode problematisch, obwohl bei den kreidezeitlichen fossilen Harzen aus Frankreich die erwarteten Veränderungen bei diesen Analysen herauskamen.

Stratigrafische Tabelle

Hauptlagerstätten und Funde fossiler Harze aus den letzten 150 Mio. Jahren (Datierung basierend auf dem Alter der Sedimente oder Gesteine, in denen sie gefunden wurden)

Periode	**Serie**	**Alter** **Stufe**	**Mio. Jahre**	**Bernstein (= Succinit) und andere fossile Harze [B. – Bernstein, fH. – fossiles Harz, aH. – akzessorische Harze]**		
Quartär	Holozän		0,012	**Succinit** in Europa, wiederholt aus eozänen Sedimenten in pleistozäne Sedimente und in den letzten Jahrtausenden an die Strände der Ostsee umgelagert		
	Pleistozän		2,58			
Neogen	Pliozän		5,33			
	Miozän	oberes				
		mittleres		fH. in Peru		Glessit aus Malaysia und Indonesien Simetit Borneo-B. fH. von Kamtschatka
		frühes	23,03	Succinit: sächsischer B. aH: Goitschit, Siegburgit mexikanischer B. dominikanischer B.		
Paläogen	Oligozän	oberes	28,4			Karpaten-Rumänit, Rumänien ? türkischer Rumänit
		unteres	32,5	Fushun-B., China		
	Eozän	oberes	40,4	Succinit: baltischer B. ukrainischer B. Somerset-B., Kanada		aH.: Gedanit, Glessit, Beckerit, Stantienit
		mittleres	?53			Krantzit aus Sachsen-Anhalt, Deutschland
		unteres	55,8	Highgate-Kopalit (= Glessit), Großbritannien Oise-B., Frankreich		
	Paläozän		65,5	Plaffeiit, Schweiz Sachalin-Rumänit Cedarit, Hannah Basin, WY, USA		
Kreide	Oberkreide	Maastrichtium	70,6	Cedarit, WY, USA Manitoba, Alberta, Kanada		fH. aus Trepcza, Polen Ajkait, Ungarn Valchovit, Obara, Tschechien fH. aus Chukotka, Russland Moru-B., Frankreich
		Campanium	83,5			
		Santonium	85,8	Taimyr-Retinit		
		Coniacium	89,3	kaukasischer Kopalit		
		Turonium	93,5	fH. aus New Jersey *	Burmit	
		Cenomanium	99,6	Retinit** Kent-Kopalit (= Glessit), Großbritannien		

<table>
<tr><th rowspan="2">Periode</th><th rowspan="2">Serie</th><th colspan="2">Alter</th><th colspan="3" rowspan="2">Bernstein (= Succinit) und andere fossile Harze
[B. – Bernstein, fH. – fossiles Harz,
aH. – akzessorische Harze]</th></tr>
<tr><th>Stufe</th><th>Mio. Jahre</th></tr>
<tr><td rowspan="6"></td><td rowspan="6">Unterkreide</td><td>Albium</td><td>112</td><td>B. aus Kantabrien und von Alava, Spanien</td><td rowspan="2">fH. aus Äthiopien</td><td rowspan="6">fH. aus Golling, Österreich
libanesischer B.
bis heute an über 300 Stellen gefunden</td></tr>
<tr><td>Abtium</td><td>125</td><td></td></tr>
<tr><td>Barremium</td><td>130</td><td colspan="2">Chiltonit, südl. Groß-britannien ***</td></tr>
<tr><td>Hauterivium</td><td>136,4</td><td colspan="2"></td></tr>
<tr><td>Valanginium</td><td>140,2</td><td colspan="2">Brasierit, südl. Groß-britannien ***</td></tr>
<tr><td>Berriasium</td><td>145,5</td><td colspan="2"></td></tr>
<tr><td rowspan="2">Jura</td><td>oberes Jura</td><td>Tithonium</td><td>150,8</td><td colspan="2"></td><td></td></tr>
<tr><td></td><td>Kimmeridgium</td><td>155,7</td><td colspan="2"></td><td>libanesischer B.</td></tr>
</table>

* Auch in jüngeren Coniacium-Sedimenten gefunden
** Gedanit-Typ, Taimyr, Russland
*** »Wealdit«-Gruppe aus Weald-Sedimenten

Die Herkunft des Bernsteins

War die ständige Harzabsonderung ein natürlicher Vorgang oder hatte sie andere Ursachen, wie Verletzungen an den Bäumen oder Krankheiten in den Waldbiotopen? Man weiß es nicht. Die pol-

Rekonstruktion eines paläogenen Waldes auf der Grundlage von Pflanzeninklusen in baltischem Bernstein nach Kohlman-Adamska (1997, 2003), Zeichnung: N. Kopczyński 2003; von links: Nadelwald der oberen Bergstufe, Kiefern-Palmen-Eichen-Waldsteppe der unteren Bergregion und Feuchtwald der Flusstäler.

nische Botanikerin und Bernsteinforscherin Professor Hanna Czeczott war der Ansicht, dass möglicherweise Vulkantätigkeit exzessive Harzproduktion ausgelöst hat.

Es heißt, dass der Vulkanismus im späten Paläozän (Thanetium), der im Zusammenhang mit den Bewegungen der Erdkruste stand, seine Spuren im Nordsee-Becken hinterlassen hat. Aufgrund dieser Krustenbewegungen begann die Teilung von Fennoskandien, zu dem Nordwesteuropa gehörte. Diese endete im frühen Eozän. Das Ausmaß der Eruptionen und deren Dauer lässt sich aus Untersuchungen der sogenannten Mo-Clay-Serie aus dem Untereozän ableiten, in der die vulkanischen Aktivitäten ihre Spuren in Form von 169 Lagen Asche (Tuffit) hinterlassen haben. Diese sind heute an der Nordküste der dänischen Insel Fur hervorragend aufgeschlossen. Die Aschespuren sind darüber hinaus weiträumig horizontal verbreitet, denn sie wurden auch im Londoner und Pariser Becken, in Belgien und in Deutschland gefunden. Die Aschewolke fiel auf Fennoskandien, das im frühen Paläogen von dichter Vegetation bedeckt war, und legte sich auf die Blätter und Zweige der Bäume, was ganz

Links: Ausdehnung der Aschewolke des Vulkans Eyjafjallajökull, Island, im April 2010. © Gazeta Wyborcza, April 2010

Rechts: Hanna Czeczott (1888–1982), Autorin einer wichtigen Untersuchung über die Zusammensetzung und das Alter der Flora im baltischen Bernstein, die in den frühen 1950er Jahren einen Impuls für neue Untersuchungen über fossile Harze in Polen gab. Archiv des Museums der Erde, Warschau.

sicher die Ausscheidung von Harz, der Schutzsubstanz der Bäume, auslöste. Karten, die die Ausdehnung des vulkanischen Ascheregens des isländischen Vulkans Eyjafjallajökull im April 2010 zeigen, können als Analogie zum Ausmaß dieses Phänomens dienen.

In der Literatur wird wiederholt über Vorkommen vulkanischer Asche in der Umgebung von Bernsteinlagerstätten berichtet; nach Ansicht russischer Geologen sei das auch im Samland der Fall. Es gibt außerdem Berichte über Funde vulkanischer Asche in der Ukraine unweit der Bernsteinlagerstätten von Klesow. Kreidezeitliche Harze sind ebenfalls mit Sedimenten vergesellschaftet, die auf Vulkanaktivität zurückzuführen sind. Und auch an den burmesischen Fundorten finden sich Spuren vulkanischer Aktivität. Neueste Mitteilungen von Dany Azar berichten vom Vorkommen fossiler Harze aus dem oberen Jura in vulkanischen Sedimenten im Libanon (Azar et al. 2010). Der Rumänit aus dem Norden der Türkei, der von der Autorin untersucht wurde (Kosmowska-Ceranowicz 2010a), kommt in Grauwackesandstein mit vulkanischen Gesteinstrümmern vor (s. S. 82). In der dominikanischen Region Bayaguana sind fossile Harze aus Sierra de Agua und Cotui-Kopal in Gegenden entstanden, die im Nordosten und Südwesten von Vulkanen umgeben sind. Immer mehr der kürzlich auf den Inseln von Indonesien und Malaysia entdeckten subfossilen

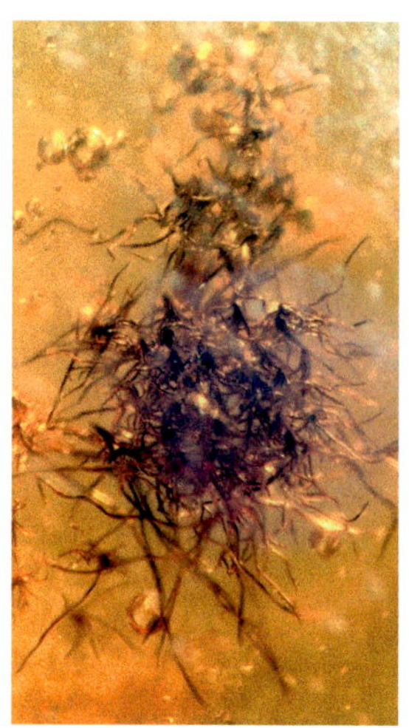

In Bernstein eingeschlossene Sternhaare von Eichenblättern (*Quercus*) können als Beweis für die Echtheit von baltischem Bernstein gelten. Sammlung des Museums der Erde, Warschau © A. Pielińska

Harze zeugen von wiederholten Eruptionen in dieser vulkanisch aktiven Gegend. Es ist bekannt, dass vor ca. 75 000 Jahren eine Eruption des Vulkans Toba auf Sumatra stattgefunden hat und die weißen Schichten aus vulkanischem Staub auf der Insel Flores vor 12 000 Jahren entstanden sind.

Jahrelang war der Baum, dessen Harz zu Bernstein wurde, das umstrittenste Thema. Dies hängt sicherlich mit der nur geringen Zahl pflanzlicher Inklusen zusammen, die im Bernstein erhalten blieben (abgesehen von Rindenstückchen, frischem oder faulem Holz). Sie machen lediglich 0,5 % aller organischen Einschlüsse aus, was daher kommt, dass nur die durch Wind, Vögel oder andere Tiere verfrachteten Pflanzenteile in das flüssige Harz eingebettet wurden. Trotzdem wurden kleine Blüten, Nadeln, Teile von Blättern und Sternhaare zusammen mit Eichenblättern konserviert und dienen als diagnostische Inklusen des Bernsteins.

Ungeachtet der Seltenheit solcher Einschlüsse haben Botaniker verschiedene Baumarten als Bernsteinmutterbäume vorgeschlagen. Auf der Grundlage pflanzlicher Überreste, die im baltischen Bernstein erhalten und in der Literatur beschrieben wurden, erarbeitete Hanna Czeczott im Jahr 1961 eine Aufschlüsselung und Überprüfung der Artenzusammensetzung des Bernsteinwaldes. Dabei dominierten folgende Vertreter aus den Koniferenfamilien: Kieferngewächse (Pinaceae) – elf Arten, einschließlich acht Arten der Gattungen Kiefer (*Pinus*), Lärche (*Larix*) und Tanne (*Abies*); Sumpfzypressengewächse (Taxodiaceae), wie Küstenmammutbaum (*Sequoia*) und Zypressengewächse (Cupressaceae) – ähnlich den heutigen Lebensbäumen (*Thuja*).

Diese umfangreiche und in der internationalen Literatur oft zitierte Liste pflanzlicher Inklusen diente zusammen mit neueren Untersuchungen Aleksandra Kohlman-Adamska als Grundlage für eine wissenschaftliche Rekonstruktion des eozänen Waldes (Kohlman-Adamska 1997, 2003). Der Wald unterschied sich in Abhängigkeit von den Standortbedingungen. Die oberen Bergterrassen waren von Nadelwald bedeckt. In niedrigerem Gelände kamen Mischwälder aus Kiefern und Palmen vor. Diese waren nicht besonders dicht, sondern savannenartig und enthielten zahlreiche Eichen, sowohl immergrüne als auch laubabwerfende Arten. Buchen (*Fagus*), Kastanien (*Castanea*), Ahorne (*Acer*) und Palmfarne (Cycadales) der Gattung *Zamia* wuchsen ebenfalls dort. Die Strauchschicht bestand aus Magnolien (*Magnolia*), Stechpalmen (*Ilex*) und Vertretern der Familie der Lorbeergewächse (Lauraceae). Gräser dominierten den Unterwuchs. Im dritten Lebensraumtyp, den feuchten Flusstälern, kamen Weidengebüsche (*Salix*), Vertreter der Gagelstrauchgewächse (Myricaceae), Riesenstauden und Nadelbäume aus der Gattung Chinazypresse (*Glyptostrobus*) vor.

Schaut man auf die Liste der wichtigsten Autoren, beginnend mit Plinius, das Jahr der Veröffentlichung, die vorgeschlagenen Mutterbäume und die Untersuchungsmethoden, die zu diesen Vorschlägen geführt haben, wird die Komplexität des Problems rasch deutlich.

Die in der Literatur am häufigsten zitierte Annahme aus den klassischen Werken des 19. Jahrhunderts, die auf botanischen Untersuchungen beruht, wird heute nicht mehr vertreten. Sie geht davon aus, dass die Bernsteinmutterbäume zu der weitverbreiteten Bernstein-Kiefer (*Pinus succinifera* [GÖPPERT] CONWENTZ) gehörten (CONWENTZ 1890).

Bernsteinmutterbäume nach unterschiedlichen Autoren

Autor	Jahr der Veröffentlichung	Mutterbaum des Succinits	Art der Untersuchung
Plinius d. Ä.	ca. 77–79	Kiefer (*Pinus*), Zeder (*Cedrus*), Pappel (*Populus*)	Beobachtung
J. HACZEWSKI	1838	*Abies bituminosa* HACZEWSKI	Beobachtung
G. C. BERENDT	1845	Kiefer (*Pinus*)	botanisch
H. R. GÖPPERT, G. C. BERENDT	1845	*Pinites succinifera* GÖPPERT	botanisch
A. MENGE	1858	*Taxoxylum electrochyton* MENGE	botanisch
H. CONWENTZ	1890	Bernstein-Kiefer (*Pinus succinifera* [GÖPPERT] CONWENTZ)	botanisch
M. KOSTYNIUK	1960	Neuseeländischer Kauri-Baum (*Agathis australis* [D. DON] LOUDON)	botanisch
K. SCHUBERT	1961	Bernstein-Kiefer (*Pinus succinifera* [CONWENTZ] SCHUBERT)	botanisch, chemische Analyse
H. CZECZOTT	1961	aus Bernsteininklusen beschriebene Baum-Arten	Literaturrecherche
J. H. LANGENHEIM	1963	Neuseeländischer Kauri-Baum (*Agathis australis* [D. DON] LOUDON)	botanisch
V. KATINAS	1987	Atlas-Zeder (*Cedrus atlantica* L.)	Infrarotspektroskopie (IRS)
C. W. BECK	1993	Neuseeländischer Kauri-Baum (*Agathis australis* [D. DON] LOUDON)	physiko-chemisch
K. B. ANDERSON, B. K. LEPAGE	1995	*Pseudolarix wehrii* GOOCH	botanisch und physiko-chemisch

Bis heute hat leider kein Botaniker versucht, diese komplexe Art zu überprüfen.

Silhouetten von Bäumen der Gattungen: a) Zeder (*Cedrus*); b) *Pseudolarix*; c) Eiche (*Quercus*); d) Riesenmammutbaum (*Sequoia*); e) Kiefer (*Pinus*); f) Chinazypresse (*Glyptostrobus*). Rekonstruktion von A. Kohlman-Adamska (1997, 2003), Zeichnung: N. Kopczyński 2003.

Die Benennung von *Pseudolarix wehrii* aus der Familie der Kieferngewächse (Pinaceae) als Mutterbaum des auf den nordkanadischen Inseln (Somerset und Axel Heiberg) gefundenen Succinits, basierend auf botanischen, physikalischen und chemischen Tests (Anderson & Lepage 1995), kommt (nach Ansicht der Autorin des vorliegenden Buches) der Wahrheit hinsichtlich der Methodologie am nächsten. Auf primärer Lagerstätte zusammen mit organischen Resten seiner Mutterbäume gefunden, konnte der Succinit mittels Infrarotspektroskopie (IRS) bestimmt werden, während die organischen Reste botanisch untersucht wurden. Das Holz mitteleozäner Lagerstätten (Buchanan Lake Formation) auf der Insel Axel Heiberg zeigte die Merkmale von Fichte (*Picea*) oder Lärche (*Larix*). Die Annahme von *Pseudolarix* als Mutterbaum wird ebenfalls durch paläogeografische Daten gestützt – sowohl Kanada als auch das paläogene Fennoskandien befanden sich auf ähnlicher geografischer Breite, sodass die Bedingungen für eine ähnliche Zusammensetzung der Wälder vorhanden waren.

Es schien sehr vielversprechend, als 1987 der litauische Forscher V. Katinas die Atlas-Zeder (*Cedrus atlantica*), die heute im nordafrikanischen Atlasgebirge wächst, auf der Grundlage seiner IRS-Untersuchungen von rezentem Harz der Art vorschlug (Katinas 1987). Leider wurden die Ergebnisse dieser Untersuchungen nur in der Moskauer »Prawda« 1987 veröffentlicht und 1988 auf dem Internationalen Treffen der Bernsteinforscher im Museum der Erde der Polnischen Akademie der Wissenschaften in Warschau vorgestellt und nicht durch paläobotanische Untersuchungen untermauert. Das Fehlen solcher Untersuchungen verweist sogar die überzeugendste

Pflanzliche Inklusen in Bernstein: oben männlicher Blütenstand einer Eiche (*Quercus* sp.); unten Deckschuppe einer Infloreszenzknospe einer Eiche (*Quercus*). Sammlung des Museums der Erde, Warschau © J. Kupryjanowicz

Annahme zur Herkunft des Bernsteins, die mit anderen Methoden gewonnen wurde, in den Bereich der Spekulation.

Heute nimmt eine große Mehrheit der Wissenschaftler an, dass der Mutterbaum des Succinits Araukarien der Gattung Kauri-Baum (*Agathis*) sind (z. B. BECK 1993), und diese Ansicht beruht auf botanischen wie auf physiko-chemischen Untersuchungen. Sowohl die Befürworter als auch die Gegner dieser These wissen, dass Bäume aus der Familie der Araukariengewächse (Araucariaceae) auf die Südhalbkugel beschränkt sind, was auch im Paläogen der Fall war, wohingegen die Wiege des baltischen Bernsteins im Norden ist. Was zu Gunsten von Kauri-Bäumen (*Agathis*) spricht, waren Experimente, bei denen Bernsteinsäure aus dem Succinit entfernt wurde, wodurch ein Stoff, ähnlich dem Harz des Neuseeländischen Kauri-Baums (*Agathis australis*), entstand. Und umgekehrt ergab sich aus *Agathis*-Harz mit Bernsteinsäure angereichert ein Befund, der mit den Ergebnissen von Succinit-Untersuchungen in Einklang steht (POINAR & HAVERKAMP 1985). Andere Forscher lehnen diese These ab, da sie die Ergebnisse nur den strukturellen Ähnlichkeiten dieser Harze zuschreiben.

Die *Agathis*-Theorie wird durch Schlussfolgerungen von Sawkiewitsch gestützt, die auf dem Entzug von Bernsteinsäure beruhen, den er anhand von IRS-Spektra (Kurven) genau verfolgen konnte (SAWKIEWITSCH 1970). Er sequenzierte Harze entsprechend den in ihnen stattfindenden Umwandlungen, beginnend mit dem, dessen Spektrum dem des Neuseeländischen Kauri-Baums (*Agathis australis*) ähnelt: Gedanit – Gedano-Succinit – Succinit. Spätere Untersuchungen konnten zeigen, dass Gedano-Succinit und Succinit und möglicherweise auch Gedanit Stadien der diagenetischen Veränderung ein und desselben Harzes sind (STOUT et al. 1995).

Unter Berücksichtigung des gegenwärtigen Wissensstandes lässt sich die Diskussion über den Mutterbaum des Succinits mit der Annahme beenden, dass es *Pseudolarix wehrii* aus der Familie der Kieferngewächse (Pinaceae) war. Seit mehr als einem halben Jahrhundert gilt die sogenannte Baltische Schulter, die im Wellenlängenbereich von 1160–1260 cm^{-1} auftritt, als Fingerabdruck des Succinits. Ebenfalls diagnostisch wichtig sind die Banden bei Wellenlängen von ca. 1030 und 970–990 cm^{-1}, zusammen mit einer Gruppe von Banden bei ca. 1 740 und 1 700 cm^{-1}, die in den Harzen von Axel Heiberg und Somerset gefunden und von kanadischen Forschern untersucht wurden (ANDERSON & LEPAGE 1995). Alle anderen Arten fossiler Harze zeigen andere (mehr oder weniger undeutliche) diagnostische Banden in ihren IR-Spektren.

Baltischer Bernstein (Succinit) und seine Eigenschaften

Baltischer Bernstein kann zweifelsfrei mit Hilfe der Infrarotspektroskopie (IRS) bestimmt werden. Seine typischen Eigenschaften ermöglichen die Unterscheidung von mehr als einhundert gegenwärtig weltweit bekannten fossilen Harzen.

Eines der wichtigsten diagnostischen Merkmale von Succinit ist der Gehalt an Bernsteinsäure (Succinellit). Ihr Anteil von 3–8 % ist ein Hinweis auf Succinit, mit anderen Worten ein fossiles Harz, das außerhalb seiner Sekundärlagerstätten im Paläogen des Danziger Weichseldeltas, auch in den Lagerstätten der Ukraine und Deutschlands (in der Bitterfelder Lagerstätte), vorkommt und – nach der wiederholten Umlagerung während der Eiszeit – auch in Gebieten, die die Grenzen der aufeinanderfolgenden Vereisungen markieren.

Das interessante Innere eines baltischen Bernsteinklumpens, sichtbar nach dem Schneiden aufgrund der guten Transparenz des Bernsteins.
© J. Kupryjanowicz

Beruhend auf dem Vorhandensein oder Fehlen von Bernsteinsäure in fossilen Harzen, griff eine ältere Klassifizierung eine Retinit-Gruppe neben Succinit heraus. In dieser Gruppe ist der Bernsteinsäuregehalt demgegenüber niedrig und schwankt zwischen 0 und 3 %. Im Jahr 1975 schlug H. G. Dietrich den Begriff »Retinit« als allgemeine Bezeichnung für Harze aus Braunkohlenlagerstätten vor (Dietrich 1975). Gleichzeitig äußerte er den Vorbehalt, dass »Retinit« ein kohlepetrografischer Begriff ist, der für verbleibende

Der Querschnitt durch einen Bernsteinstalaktiten von 80 g zeigt die aufeinanderfolgenden Tropfschichten; durchsichtiger ukrainischer Bernstein. © M. Kazubski

Harzspuren und Wachsreste in den Kohlen verwendet wird. In der amerikanischen Literatur ist seit kurzem der Begriff »Resinit« anstatt »Retinit« gebräuchlich (Anderson 1995, Langenheim 2003) (aber ist das notwendig?). Schon seit langem ist bekannt, dass der Bernsteinsäuregehalt in ein und demselben Stück stark variieren kann (die größten Anteile kommen in dem am stärksten verwitterten äußeren Teil vor). Dieses Phänomen wird auf Oxydationsprozesse zurückgeführt. Ein Team polnischer Chemiker aus Wrocław (Breslau) fand zudem heraus, dass Bernsteinsäure eines der letzten Produkte beim mikrobiologischen Abbau von Sterolen ist und dass eines der typischen pflanzlichen Sterole (beta-Sterol) in baltischem Bernstein vorkommt. Ähnliche Untersuchungen wurden auch an der Schlesischen Universität in Katowice (Kattowitz) durchgeführt.

Es wurde oft versucht, den unterschiedlichen Anteil von Hauptelementen als Kriterium für die Einteilung der Harze zu nutzen. Succinit besitzt folgende Elementarzusammensetzung: C 61–81%, H 8,5–11%, O – Ergänzung bis 100 %, S 0,5 %. Der Schwefelanteil zeigt eine besonders signifikante Variabilität. Dieses Element dringt in fossile Harze durch Diffusion von Schwefelwasserstoff ein und verbindet sich mit Sauerstoff, der Bestandteil der Makromoleküle ist. Bis zu 7 % Schwefel kommt in ukrainischem Bernstein, in miozänem Bernstein aus der karpatischen Senke und in Krantzit vor. Für seine leider unveröffentlichte geochemische Klassifikation von Bernstein forderte Sawkiewitsch zusätzliche »Thio-Grade« (Schwefelgehalte), und im Fall von Succinit – Thio-Succinit. Ein

Kristalle der Bernsteinsäure, die durch trockene Destillation von baltischem Bernstein gewonnen wurden.
Sammlung des Museums der Erde, Warschau
© J. Kupryjanowicz

erhöhter Schwefelgehalt wurde auch in sehr altem fossilem Harz aus der Trias in den italienischen Alpen gefunden.

Ein chemisches Klassifizierungssystem für fossile Harze, das fünf Klassen fossiler Harze unterscheidet und auf den Merkmalen der Bernsteinstruktur beruhte, wurde 1995 von den Amerikanern K. B. Anderson und J. Crelling vorgestellt (Anderson & Crelling 1995). Die interessantesten Harze der Succinit-Gruppe, wie baltischer Bernstein und andere fossile Harze, wie dominikanischer oder mexikanischer Bernstein, wurden unter Klasse I, unterteilt in Ia, Ib und Ic, aufgelistet. Siegburgit kam hingegen in Klasse III. Diese Klassifizierung hat sich für Nicht-Chemiker als außerordentlich unpraktikabel erwiesen, obwohl sie in der amerikanischen Literatur recht bereitwillig akzeptiert wurde.

Die Härte von Bernstein beträgt nach der Mohsschen Skala 2,0–2,5. Sie ist ein qualitativ experimenteller Wert, der die Fähigkeit eines Minerals beschreibt, ein anderes Mineral zu ritzen. Hierfür wird eine 10-stufige Skala verwendet: 1 – Talk, 2 – Gips, 3 – Kalzit, 4 – Fluorit, 5 – Apatit, 6 – Orthoklas, 7 – Quarz, 8 – Topas, 9 – Korund, 10 – Diamant. Das bedeutet, dass Bernstein mit Kalzit angeritzt werden kann.

Die Mikrohärte oder die Härte, die auf der Grundlage des Kollisionseffektes zwischen einer harten Pyramide und der Oberfläche des Bernsteins unter einem speziellen Mikroskop gemessen wird, beträgt für Succinit 199–200 MPa (Megapascal), was 19,9–20,0 kg/mm^2 entspricht. Die Mikrohärtebestimmung für fossile Harze verdrängt allmählich die Härte 1,5–3 nach der Mohsschen

Skala, die »immer« für Bernstein nur als ungenau bereitgestanden hat, aber zumindest anzeigt, wie extrem weich fossile Harze sind.

Untersuchungen an der Schlesischen Universität zwischen 2002 und 2004 ergaben, dass sich möglicherweise die Mikrohärte mit der Struktur der fossilen Harze in Verbindung bringen lässt, d.h. mit dem Grad der makromolekularen Kondensation. Und diese kann die bestimmende Größe für das relative Alter einiger Harze sein. Obwohl dieser Denkansatz logisch ist, bestätigen Forschungsergebnisse das leider nicht immer, sogar wenn ein fossiles Harz mit »hartem« Kopal verglichen wird (was immer das auch ist). Bislang waren die Untersuchungen jedoch auf 20–30 Proben begrenzt; dennoch erbrachten diese Untersuchungen interessantes Material mit einem breiten Spektrum an Ergebnissen: von 8 kg/mm^2 für Siegburgit bis 40,4 kg/mm^2 für Cedarit.

Succinit hat eine Dichte von 0,96–1,096 g/cm^3. Weiße Varietäten des Succinits, vor allem sog. Knochenbernstein, der in seiner inneren Struktur mit festem Schaum vergleichbar ist, sind leichter als Süßwasser, ebenso wie die als Schlack oder Brack bezeichneten Varietäten. Andere lassen sich von der Sand- oder Schlamm-/Tonfraktion ihres Muttersediments durch Spülen mit Salzwasser trennen, worin Bernstein schwimmt.

Bernsteinformen umfassen natürliche Tropfsteinformen und Formen, deren Aussehen die Gestalt von Spalten oder Klüften in deren Mutterbäumen widerspiegeln. Die Klüfte entstanden unter der Rinde, innerhalb der Rinde, zwischen den Jahresringen, im Holz der Stämme und Wurzeln oder als Wunden, wenn beispielsweise ein Baum einen Ast verlor.

Die Tatsache, dass Succinit in vielen Varietäten vorkommt, ist eine besondere Eigenschaft. Verglichen mit dem Rohbernstein, der im nordwestrussischen Kaliningrader Gebiet, im Samland (zwischen Frischem und Kurischem Haff) gefördert wird, ist der Bernstein, der durch Gletscher nach Polen und Deutschland transportiert und in quartären Sedimenten abgelagert wurde, wesentlich vielfältiger. Dies ist das Ergebnis von Verwitterungsprozessen, durch die er auf natürliche Weise noch schöner geworden ist und kräftiger gefärbte sekundäre Varietäten entstanden sind. Sogar das Verdampfen flüchtiger Terpene und der aus ihnen entstandenen Derivate aus dem frischen Harz, wodurch es erhärtet, hat die primären Varietäten einer bestimmten Harzart beeinflusst. Diese Prozesse traten hauptsächlich durch häufige Änderung des Feuchtigkeitsgehaltes bei Lagerung oberhalb des Grundwasserspiegels auf. Ähnliches passiert, wenn Bernstein

Wichtige primäre Varietäten von baltischem Bernstein in Abhängigkeit von der inneren Struktur: a) transparente, als Schmuckbernstein bekannte Varietät © M. Kazubski, b) undurchsichtige, gelbe Varietät, Würfel © M. Kazubski, c) ungewöhnliche weiße Varietät mit Einschluss von pflanzlichem Detritus © J. Kupryjanowicz, d) undurchsichtige weiße Varietät, Klumpen © M. Kazubski. Sammlung des Museums der Erde, Warschau.

nach der Gewinnung außerhalb seiner Lagerstätte aufbewahrt wird. Der Feuchtegehalt sollte bei der Lagerung konstant bei 60 % liegen. Ständige Veränderungen bei zusätzlicher Temperaturerhöhung, beispielsweise in Vitrinen mit warmer anstatt kalter Beleuchtung, führen innerhalb einiger Jahre zur Farbänderung des Bernsteins von gelb zu gelb-rot. Daher sollte ein Harz nicht auf der Grundlage von Farbunterschieden als andere Art klassifiziert werden (wie es in Deutschland bei Glessit aus dem Tagebau Goitsche der Fall war), da solche Unterschiede sekundäre Merkmale des Bernsteins sind.

Weitere charakteristischen Eigenschaften von Succinit:

- Schmelzpunkt: 287–300 °C, nach anderen Quellen bis 380 °C,
- Erweichungspunkt: 150–180 °C,
- Brechungsindex: 1 539–1 542,
- Löslichkeit in organischen Lösungsmitteln: gering,
- Effekt beim Erhitzen: typischer Harzgeruch,
- Effekt beim Brennen: brennt mit rußender gelber Flamme,
- unter UV-Licht: blau,
- lädt sich beim Reiben negativ auf,
- Vorhandensein von Inklusen: Gas und organische Substanzen (Fauna und Flora), Bernsteinsäure-Mikrokristalle.

Die relativ geringe Härte erklärt nicht die außerordentliche Widerstandsfähigkeit von Bernstein, die sich bis heute auch aus keinerlei anderem Hinweis ableiten lässt. Während der Millionen Jahre langen Reise oder auch während des Aufenthalts in der Lagerstätte waren seine natürlichen Formen oft der Gefahr von Zerstörung oder sogar Vernichtung ausgesetzt. Ist deshalb die Widerstandsfähigkeit von Bernstein gegenüber mechanischen Einflüssen hoch, ungeachtet seiner geringen Härte? In Flüssen mit hartem Schotter ist Bernstein nicht nur dem Abschleifen und Umherwirbeln ausgesetzt, sondern auch dem Zerbröseln. Die Verwitterung in den Lagerstätten ist ebenfalls das Ergebnis des langsamen, aber stetigen Zerfalls von Bernstein, das an seiner Oberfläche beginnt.

Chemische Untersuchungen an Bernstein sind wegen seiner geringen Löslichkeit besonders schwierig. Lediglich der molekulare, d. h. der lösliche Anteil, lässt sich analysieren, sodass entsprechende Untersuchungsergebnisse nur sehr lückenhaft sind.

Löslichkeit von durchsichtigem und undurchsichtigem Succinit im Vergleich mit Gedanit (Werte in %) nach Katinas (1971)

Lösungsmittel	durchsichtiger Succinit	undurchsichtiger Succinit	Gedanit
Methanol	20–25	17	42
Ethylether	18–23	16–20	63
Azeton	8,4	23	16
Chloroform	20,6	17	45
Benzen	21	21	42
Terpentin	25	17	58
Schwefelkohlenstoff	11,5	11,5	58
Kaliumalkoholat	35	35	30
Leinöl	0	0	100

Bernstein ist eine Mischung makromolekularer Bestandteile und ihrer Reaktionsprodukte, sodass seine Darstellung durch eine einzelne chemische Formel nicht möglich ist. Im Jahr 1933 fanden die deutschen Wissenschaftler A. Tschirch und E. Stock heraus, dass Bernstein neben Einschlüssen und Feuchtigkeit (7,3 %) die folgenden Verbindungen enthält: Succinoresen, Succinosilvinsäure, D-Borneol, Succinoabietinol, Succinoabietinolsäure und Bernsteinsäure. Tschirch lieferte eine chemische Formel für all diese Bestandteile, die er als Substanzen mit konstanter chemischer Zusammensetzung behandelte (Tschirch & Stock 1935–1936). Mit Hilfe von der Gaschromatografie (GC) und Massenspektrometrie (MS), die heute in der Bernsteinforschung angewendet werden, lassen sich nicht nur sieben, sondern 35–60 chemische Stoffe unterscheiden, von denen fünf allein auf Bernsteinsäure in baltischem Bernstein entfallen und jeder seine eigene Formel besitzt.

Eine Methode zur Bestimmung von Succinit

Eine der vielen Möglichkeiten, die heute zur Überprüfung von Succinit verwendet werden, ist die Absorptionsinfrarotspektroskopie (IRS). Als Ergebnis eines IRS-Tests zeigt das Spektrum den Grad der Absorption unter monochromatischem Licht, das einen Kaliumbromid-Pellet, der aus einem Kaliumbromid-Boden mit Bernstein besteht, passiert hat. Der Kurvenverlauf ändert sich je nach Veränderung der Wellenlängen. Diese besitzen die Einheit »cm^{-1}« bzw. 1/cm. Die Absorption ist abhängig von der Schwingung der Bindungen in funktionellen Gruppen in den Molekülen der organischen Stoffe, aus denen der Bernstein besteht.

Das Licht spiegelt den Anteil seiner Übertragung wider, was das Verhältnis von übertragenem und einfallendem Strahl ausdrückt. Anderthalb bis zwei Milligramm Bernstein reichen für diesen Test aus. IRS ist der am meisten angewandte und kostengünstigste Test für die Bestimmung von Succinit.

In letzter Zeit erfreut sich das FTIR ATR (Fourier-Transformations-Infrarot-Spektrophotometer; Attenuated Total Reflection – abgeschwächte Totalreflexion) immer größerer Beliebtheit. Hiermit erfolgen die Analysen der Objekte zerstörungsfrei, und zwar entweder direkt auf der glatten Oberfläche eines Stücks Rohbernstein, auf der Oberfläche eines Erzeugnisses oder von pulverisiertem Bernstein.

Die IR-Kurve des Succinits hat einen diagnostisch sehr eindeutigen Abschnitt, der als »Baltische Schulter« bezeichnet wird und der entsteht, wenn sich Banden gleicher Intensität (gleiche Übertragungsintensität) bei 1 260–1 160 cm^{-1} verbinden. Die Absorptionsstärke hängt zwar auch vom Verwitterungsgrad des Bernsteins ab, aber die Grundform des Spektrums bleibt unverändert, selbst in erhitztem und in Pressbernstein, sofern er nicht autoklaviert wurde.

Die Methode ist für die Succinitbestimmung zuverlässig, wobei die immer größere Zahl von Vergleichsproben, d.h. die aus vie-

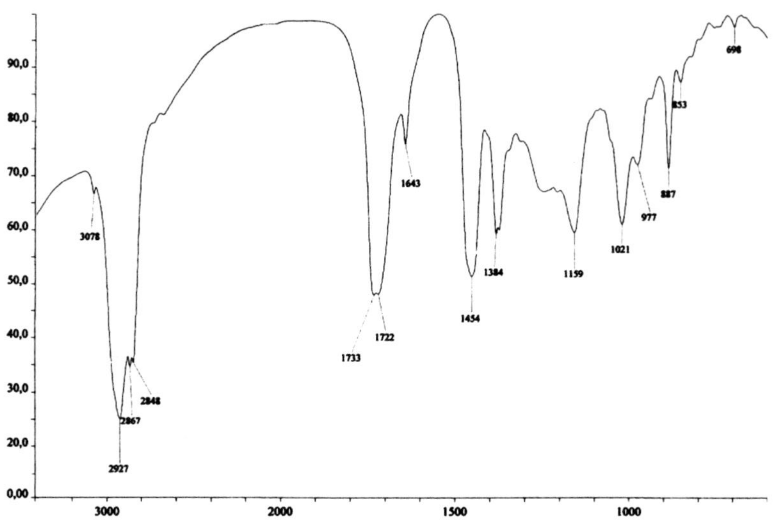

IR-Spektrum von baltischem Bernstein (IRS 750 – Probe aus dem Museum der Erde, Inventar-Nr. 23041). © B. Kosmowska-Ceranowicz

len IRS-Tests erhaltenen Kurven, darauf deuten, dass sie auch verwendet werden kann, um andere fossile Harze mit großer Wahrscheinlichkeit zu identifizieren. Die Autorin dieses Buches nutzt das Verfahren seit 1985 zur Bestimmung von Proben in einer weltweiten Sammlung fossiler Harze, die während derselben Zeitspanne am Museum der Erde zusammengetragen wurde, wobei die Proben von verschiedenen Instituten in Auftrag gegeben werden. Im Ergebnis dieser Analysen ist der einzige polnische Katalog mit fast 1 200 Spektren fossiler und subfossiler Harze entstanden, der für Vergleichszwecke genutzt werden kann. Der Leser findet einige davon in dem 2015 erschienenen »Infrarotspektra-Atlas fossiler Harze, subfossiler Harze und ausgewählter Bernsteinimitationen« (Kosmowska-Ceranowicz 2015).

Neben der kostengünstigsten und am längsten angewandten IRS-Methode müssen in vielen Fällen andere Bestimmungsmethoden genutzt werden, wie Gas-Flüssigchromatografie (GLC), Dünnschichtchromatografie (TLC), Massenspektroskopie (MS) und Kernspinresonanzspektroskopie (NMR).

Bernsteinformen

Das Museum der Erde der Polnischen Akademie der Wissenschaften besitzt ein Modell der Harzanreicherung, das eine in der ersten Hälfte des 20. Jahrhunderts verbreitete Sichtweise illustriert. Diese Betrachtung wird heute bei Succinit nicht mehr anerkannt, insbesondere die Annahme, dass sich das Harz außerhalb der Bäume, in der Waldstreu akkumuliert hat.

Der zeitgenössische dänische Maler Otto Frello (1924–2015) hatte eine ähnliche Vorstellung von extremer Harzabscheidung auf den Waldboden bei seiner künstlerischen Rekonstruktion eines Bernsteinwaldes, die er 1998 auf dem Bernsteininklusen-Weltkongress in Vitoria, Spanien vorstellte. Ein ähnliches Modell der Harzabscheidung wurde früher im Museum am Löwentor in Stuttgart gezeigt, allerdings als Beispiel für eine harzabscheidende Laubbaumart aus der Unterfamilie der Johannisbrotgewächse (Caesalpinioideae) innerhalb der Familie der Schmetterlingsblütengewächse (Leguminosae), ähnlich den Robinien (*Robinia*), aus der Gattung Animebaum (*Hymenaea*) (Langenheim 1995). Diese ist der Mutterbaum des dominikanischen Bernsteins. Heutzutage gilt es als sicher, dass bei den Laubbäumen aus der Familie der Flügelfruchtgewächse (Dipterocarpaceae), auf die die besonders reichen Glessit-

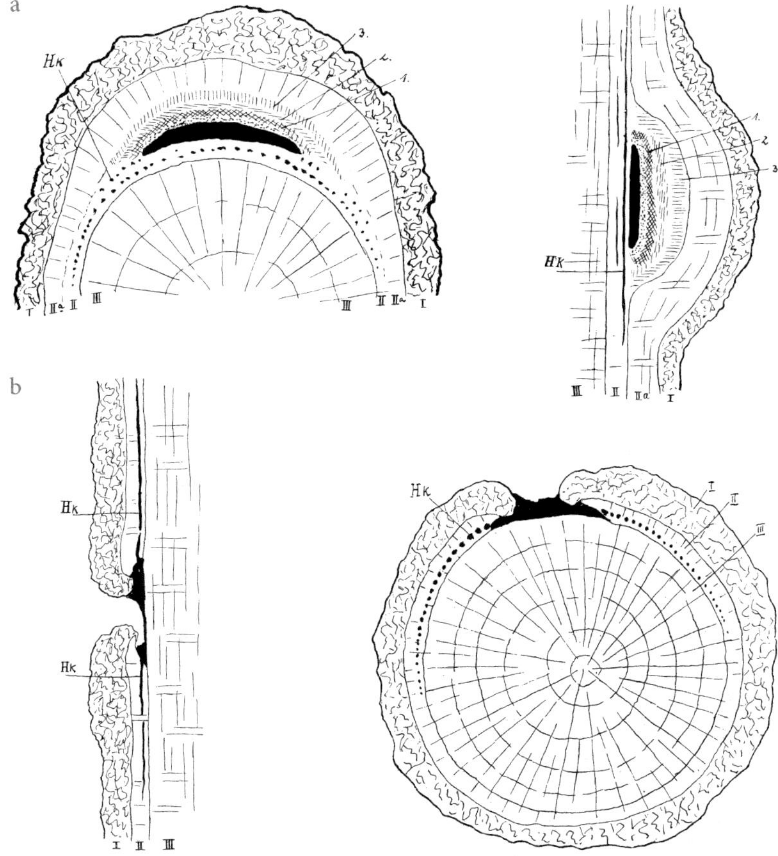

Zeichnungen von Harzfluss, die später die Darstellungsgrundlage für viele Illustrationen hierfür wurden: a) Harz, das sich in einer Spalte unter der Rinde gesammelt hat, im Quer- und Längsschnitt; b) Harz, das sich nach einer Verletzung unter der Rinde gesammelt hat (woraus eine von der Autorin des Buches als »Schorf« bezeichnete Form entsteht), im Längs- und Querschnitt (nach Tschirch & Stock 1936).

Lagerstätten in Malaysia und Indonesien zurückzuführen sind, die Harzproduktion ähnlich reichlich war. Eine ca. 5 m^2 große Platte aus fossilem Harz aus dem Tagebau Merit Pila im malaysischen Staat Sarawak belegt, dass das Harz außen über einen Baum geflossen ist.

Die stichhaltigsten Illustrationen aus den Untersuchungen über die Entstehung von Naturbernstein sind die Zeichnungen von A. Tschirch und E. Stock, die schon in den 1930er Jahren in der deutschen Fachliteratur (Tschirch & Stock 1936) und von dem litauischen Wissenschaftler V. Katinas (Katinas 1971) veröffentlicht wurden.

Die dort gezeigten Harzansammlungen in einem Baum lassen sich durch eine gezielt ausgewählte Sammlung von Naturformen bestätigen, die allerdings in Museen nur selten gezeigt werden. Eine solche war mit Sicherheit die Königsberger Sammlung und ist heute die Warschauer Bernsteinsammlung im Museum der Erde der Polnischen Akademie der Wissenschaften. Letztere ist eine der wenigen wissenschaftlichen Einrichtungen, die solche Stücke besitzt, die sich in zwei Hauptgruppen unterteilen lassen: 1) Formen, die von Harz stammen, das aus dem Stamm heraussickerte, wodurch unterschiedliche Typen kleiner äußerer Tropfsteine von unterschiedlicher Größe entstanden oder unterschiedlich große Verdickungen mit Abdrücken der Stammoberfläche, an der sie anhafteten; 2) Formen, die von Harzakkumulationen in Spalten von unterschiedlichen Typen, Formen und Größen im Inneren eines Baumes stammen. Zur letzteren Gruppe gehören sowohl kleine Formen als auch die größten Bernsteinstücke.

Um auf einen Begriff aus der Paläontologie zurückzugreifen, können diese Formen als Fugenfüllungen angesehen werden, die in harzabscheidenden Bäumen entstanden sind. Die Form stellt den Innenraum der Spalte als Ganzes oder teilweise dar. Die Oberflächen der Spalten bildeten sich als Abdrücke auf den Oberflächen der Bernsteinstücke ab, die oft außergewöhnlich groß sind und als Naturwunder betrachtet werden.

Einmalige Naturformen aus der Königsberger Sammlung wurden 1944 gerettet und sind heute Teil der Sammlung des Göttinger Universitätsmuseums. Leider haben die vor dem Zweiten Weltkrieg existierenden Danziger Naturformen-Sammlungen diesen nicht überstanden.

Im Jahr 2010 entstand in Jarnołtóweg (Arnoldsdorf, Region Opole – Oppeln, Polen) interessantes Filmmaterial, das die übermäßige Harzausscheidung aus dem Stamm einer alten Lärche (*Larix*) als Abwehrreaktion zeigt – ein einmaliges Phänomen in polnischen Parks. Der Film ermöglichte gleichfalls die Beobachtung der Entstehung von Naturformen des Bernsteins in der Natur. Was man sah, sind natürliche Tropfsteinformen, Formen, die die Spalten unter der Rinde und zwischen der Rinde in ihrer Form abbilden und den Prozess des Verschlusses einer großen Wunde mit Harz. Während seiner Umwandlung in Bernstein kristallisierte der Bernstein als organische Substanz nicht aus. Dieser Umstand ist ein schlagendes Argument für die Anhänger der These, dass Bernstein kein Mineral ist, obwohl Mineralogen Beschreibungen von Bernstein und anderen fossilen Harzen in ihren Lehrbüchern berücksichtigen.

Um den Mineralogen Antoni Gaweł, den langjährigen Leiter der mineralogischen Abteilung an der Jagiellonen-Universität Krakau, zu zitieren: Als Polen den 400 km langen Zugang zum Meer wiedererlangte, »zog Bernstein als eines der seltenen brennbaren Minerale das Interesse der polnischen Mineralogie auf sich ...«.

Bernstein findet man nie »formlos« oder in zufälligen Formen, wie vielfach angenommen wird. Die natürlichen Bernsteinformen hängen primär davon ab, von wo aus das Harz sickerte und welche Form die Spalte hatte, in der es sich sammelte. Sie hängen auch von der Menge des Ausflusses ab, was wiederum jahreszeitbedingt ist, von der Größe der Wunde, der Sonnenexposition, vom Alter des Baumes und von seinem Allgemeinzustand. Auch ein Zaunspfahl scheidet noch eine Zeit lang Harz ab.

Äußere Tropfsteinformen. Zu dieser Gruppe gehören: Tropfen oder Beulen (»Knubbel«), Stalaktiten und stalaktitenartige Formen. Hinsichtlich der Form lassen sich mindestens vier Typen von Tropfen unterscheiden: 1) die typischste, birnenartige Form mit einem deutlichen »Aufhängungspunkt«, der die Stelle, wo das Harz ausfloss, markiert; 2) mehr kugelige Formen mit einem Eindruck, der eine Schwellung aus Harz auf der Rinde des Baumes anzeigt; 3) Mehrfachtropfen, die aussehen, als ob sie knospen, in sehr unterschiedlicher Form; 4) verlängerte Tropfen, die Stalaktiten ähneln, aber nicht geschichtet sind. Tropfen haben eine sehr homogene und massive Struktur, sind meist undurchsichtig und zeigen muscheligen Bruch.

Succinit aus dem ehemaligen Braunkohlentagebau Goitsche bei Bitterfeld, Deutschland, äußere Form: Tropfen. © R. Wimmer

Bernsteinstalaktiten entstehen durch die wiederholte asymmetrische Ablagerung von Harz um den ersten Ausfluss herum. Dies ist auf Querschnitten erkennbar, wo sich sogar die Zahl der Ausflüsse für jeden Stalaktiten bestimmen lässt. Die Oberflächen der einzelnen Schichten haften manchmal eng aneinander und gelegentlich ist gut zu erkennen, dass sie vor dem nächsten Ausfluss

Die übermäßigen Harzabsonderungen an einer alten Lärche (*Larix*) in einem Parkkomplex am »Schlösschen unter dem Tulpenbaum«, Jarnołtówek (Arnoldsdorf, Region Opole – Oppeln), im Goldbach-Tal, erleichtern das Verständnis über die Entstehung von Bernsteinformen, die sich bis heute erhalten haben:
a) Schwellung und b) Stalaktit – Tropfsteinform © J. Wachowski;
c) eine mit Harz gefüllte Spalte unter der Rinde;
d) eine große mit Harz bedeckte Wunde – eine Schorf-Form entwickelt sich.
© B. Kosmowska-Ceranowicz

bereits mit einer dünnen Staubschicht bedeckt waren. Staub kann leicht dazu führen, dass Stalaktiten zerfallen und er ist zwischen den Bernsteinschichten als fantasievolles Bild sichtbar, das von unerfahrenen Betrachtern fälschlicherweise für echte Inklusen gehalten werden kann. Spuren von Regentropfen und ihre Abdrücke finden sich ebenso manchmal auf den Schichtenoberflächen. Stalaktiten, die nicht am Stamm kleben, werden im Volksglauben als Kerzen bezeichnet.

Neben frei hängenden Formen gibt es auch solche, die aus Harzschichten entstanden, aber dem Baumstamm an einer Seite anhafteten. Man bezeichnet sie als stalaktiten-artige Form. Ergiebige Ausflüsse ergeben komplexe Formen, die außergewöhnliche »Vorhänge« bilden, wie beispielsweise ein fast 12 cm langer Stalaktit mit sehr dünnen Harzschichten auf der Oberfläche, die wiederholt den massiven ersten Ausfluss eingehüllt haben. Beeindruckend ist, wie solch eine vielfältige Form ihrem Transport widerstanden hat und in solch exzellenter Erhaltung bewahrt geblieben ist. Es existiert auch ein Stalaktit mit einem Durchmesser von 2,5 cm, der anstelle des Stammes am vorherigen Harzausfluss anhaftet. Möglicherweise befand sich dieser Ausfluss in einer Spalte innerhalb der Rinde und als das Stück Borke, das ihn bedeckte, abfiel, übernahm er die Schutzfunktion.

Innere Formen, Gussformen

Bis in unsere Zeit geschützt, lassen sich die Formen, die in der Rinde entstanden und als Gussformen bekannt sind, erfolgreich mit heutigen Ausflüssen vergleichen, mit versiegelten Wunden oder mit Spalten in Stämmen, Ästen oder Wurzeln, die mit Harz ausgefüllt wurden. Die Grundprinzipien der Entstehung der natürlichen Bernsteinform zu kennen ist hilfreich für das Verständnis der Gestalt und der Struktur der äußeren Oberflächen der Stücke. Außerdem ermöglicht es die Zuordnung zu einer Gruppe entsprechend seinem Entstehungsort:

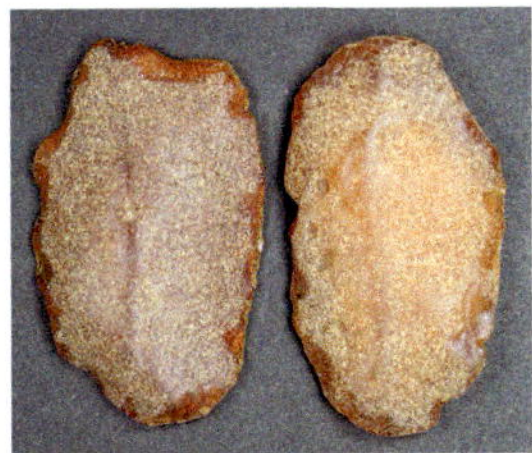
Succinit aus dem ehemaligen Braunkohlentagebau Goitsche bei Bitterfeld, innere Form: Schlaube – ehemalige Harztasche. © R. Wimmer

- in der Borke – Formen zwischen der Borke,
- unter der Borke – Formen unter der Borke,
- in Spalten in unterschiedlichen Verlaufsrichtungen – Spalten- oder Riss-Formen,
- zwischen den Jahresringen – Harztaschen,
- Wundverschlüsse – sogenannter Schorf oder Kruste.

Spalten- oder Riss-Formen besitzen oft flache Oberflächen, die rechtwinklig oder etwas schräg zum Längsverlauf sind. Sie zeugen

Gut erhaltene primäre Naturformen oder Fragmente davon:
a) Bernsteinstück von 362 g, Form in der Borke, muscheliger Bruch an der unteren Kante. © M. Kazubski;
b) Bernsteinstück von 441 g, Spalten-Form mit erkennbar flachen Oberflächen der Ebenen des ursprünglich flüssigen Harzes. © M. Kazubski;
c) als Kerzen bezeichnete Stalaktiten – der Querschnitt eines Bernsteinstalaktiten zeigt aufeinanderfolgende Schichten aus tropfendem, durchsichtigem Harz. © B. Kosmowska-Ceranowicz;
d) natürliche Bernsteintropfen im Anhänger »Sphäre« aus der Serie »Ausgesetzt im Raum« (162 g) von Paulina Binek, Danzig 2003. Sammlung des Museums der Erde, Warschau. © B. Kosmowska-Ceranowicz

davon, wo das im Hohlraum des Stammes angesammelte Harz ausgelaufen ist, d.h., wo es aus seinem »Sammelgefäß« übergelaufen und an die Stammoberfläche gelangt ist. Zwei flache Grenzflächen, die die Ebenen des einst flüssigen Harzes oder dessen Spuren definieren, wurden in großen Spalten gebildet, während ein geringer Ausfluss nicht ausreichte, um die Spalte vollständig auszufüllen. Wenn die Spalte dann nachträglich aufgefüllt wird, berührt das flüssige Harz die bereits erhärtete Oberfläche des vorigen Ausflusses. An Kontaktstellen treten natürliche Trennflächen auf, entlang derer ein Bernsteinstück während des Transports am ehesten bricht. In solchen Fällen können Stücke mit zwei Ebenen entstehen, von denen eine das Negativ der früheren Ausflussebene ist, einem Ausfluss, der für die vollständige Füllung der Spalte zu gering war. Flache Oberflächen sind in Bezug zur Längsachse des Bernsteinstückes manchmal etwas schief, was darauf deutet, dass der Baum etwas von der Lotrechten abwich.

Succinit aus dem ehemaligen Braunkohlentagebau Goitsche bei Bitterfeld, innere Form: Unter-der-Borke-Form mit Abdruck der Borke von innen. © R. Wimmer

Formen, die aus Harz entstanden, das sich zwischen den Lagen der Borke angesammelt hat, neigen zu ovaler Gestalt, mit welligen Rändern und Borkenabdrücken, sowohl auf der konvexen als auch der konkaven Oberfläche und gelegentlich mit Borken- oder Holzinklusen. Die konvexe Seite kann manchmal äußere Tropfen tragen, die dort entstanden, wo die Spalte den Rand des Baumes erreichte.

Formen von unter der Rinde unterscheiden sich von solchen, die innerhalb der Rinde entstanden sind, indem sie keine Rinden-, sondern Holzabdrücke auf ihrer konkaven Oberfläche besitzen. Sie sind teilweise länglich oval, was von einem einzelnen Ausfluss herrührt oder sie haben einen dreieckigen Umriss. Dann sind sie an der Basis mit einer flachen Oberfläche »geschlossen«.

Doppelt konvexe Formen mit einer oft klaren und glatten Oberfläche des Harzniveaus spiegeln die Spalten im Baumstamm wider. In einigen Fällen besitzen sie einen kontrastierenden, durchsichtigen Tropfen, der darauf hinweist, dass die Spalte bis zum Rand des Stammes reichte, wo das Harz heraussickerte.

Zwischen den Jahresringen können mit Harz gefüllte Spalten auftreten, die sogenannten Harztaschen. Dabei handelt es sich um homogene Platten, die sehr begehrt sind. Harztaschen lassen sich leicht an ihrer geringen Größe erkennen, den gewellten Rändern, der konkav-konvexen, rundlichen und dünnen Form und vereinzelt an Abdrücken oder sogar Resten von Holzgewebe. Ovale oder nahezu kreisrunde Formen, die die Autorin dieses Buches als Schorf oder Kruste bezeichnet, sind ebenfalls recht häufig. Eine Bernsteinkruste besitzt einen hervortretenden Spund (Pfropf), der

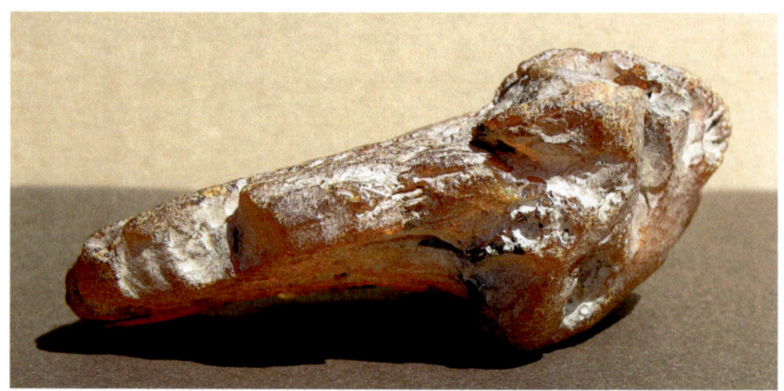

Eine als Kruste oder Schorf bezeichnete natürliche Form, die durch Wundverschluss im Holz und anschließende Füllung der Spalten in der Rinde entstanden ist. Sammlung des Museums der Erde, Warschau © M. Kazubski

dem Wundverschluss dient und einer äußeren Schwellung. Die Schwellung deutet auf einen einzelnen und reichlichen Harzausfluss mit einer massiven Struktur, die eben durch diesen starken Ausfluss bedingt ist. Im Allgemeinen besitzen die Krusten keine Schichtstruktur, wie sie bei äußeren Tropfsteinformen vorkommen. Mitunter entstehen an der konkaven Seite aber Spuren von herabfließendem Harz unterhalb des Pfropfens. Ab und zu findet man auch kleine Krusten aus durchsichtigem Bernstein.

Schon sehr früh richtete sich die Aufmerksamkeit auf einzigartige Stücke, besonders große, innere Formen – natürliche Bernsteinstücke – die im Rohmaterial der Lagerstätten vorkommen. Der natürliche Harzausfluss, den man im Wald sehen kann, ist nicht besonders üppig. Auch Lehrbücher über Waldbau liefern keine erschöpfende Erklärung zur Entstehung großer Rohbernsteinstücke. Bei der Harzgewinnung durch Anritzen kann die in Europa verbreitete Wald-Kiefer (*Pinus sylvestris*) innerhalb eines Jahres zwischen 1,5 und 4 kg Harz liefern, teilweise auch mehr, wie aus Adam Chętniks Bericht von 1960 hervorgeht, dem seine Beobachtungen aus der polnischen Kurpie-Region zugrunde liegen (Chętnik 1960). Außerdem ist bekannt, dass der Harzgehalt von 1 m^3 Holz der Wald-Kiefer (*Pinus sylvestris*) ca. 22 kg beträgt, während es bei Lärchenholz nur 18,3 kg sind. Der Harzgehalt nimmt geringfügig mit dem Alter der Bäume zu. Die harzreichsten Teile der Kiefer sind der Stamm bis zu einer Höhe von 2 m (der Harzgehalt nimmt von der Rinde zum Mark hin zu) und die Pfahlwurzel. An Verwundungen kommt es zu übermäßigem Ausfluss, da die Harzproduktion dort zunimmt.

Was versteht man unter einem einzigartigen Bernsteinstück? Das ist eine Frage der Übereinkunft, die auf einem Überblick darüber beruht, was bisher gefunden wurde. Stücke von mehr als 3 000 g

Große Bernsteinstücke werden einerseits als gut erhaltene natürliche Formen und andererseits als beim Transport glatt gescheuerte Gerölle gefunden:
a) Geröll mit einer Masse von 2 050 g aus der Lagerstätte Primorskoje (Oblast Kaliningrad, Russland) mit blauer Erde in den Spalten;
b) ein Stück von 645 g aus einer samländischen Mine, entstanden, als sich eine ausgedehnte Spalte unter der Rinde mit Harz füllte; konvex auf beiden Seiten mit einer erkennbaren Markierung des einst flüssigen Harzes. Sammlung des Museums der Erde, Warschau © M. Kazubski

sind extrem selten und schon solche von mehr als 1 000 g werden nicht mehr nur als Rohmaterial, sondern mit größter Sorgfalt behandelt. Wenn sehr große Stücke gefunden werden, wird für gewöhnlich darüber publiziert. Form und Größe dieser Stücke lassen schlussfolgern, dass die Bernsteinmutterbäume groß waren und reichlich Harz produzierten. Bei vielen Stücken aus paläogenen Lagerstätten haben sich ihre ursprünglichen natürlichen Formen bis heute erhalten.

Es sei erwähnt, dass selbst dann, wenn ein Bernsteinstück unter günstigen Bedingungen entstanden ist, dies nicht zwangsläufig bedeutet, dass es sich bis heute erhalten hat. Stücke, die dem Transport ausgesetzt waren und auf natürlichem Wege glatt gescheuert wurden, sind als Geröll-Form bekannt. Heute werden sie als »Brot«-Bernstein bezeichnet, was auf Beschreibungen von Józef Haczewski aus dem Jahr 1838 zurückgeht, der sie mit einem »Brotlaib« verglich (Haczewski 1838). Das größte Bernsteinstück, das bis in unsere Zeit überdauert hat, besitzt eben diese Form. Es wird im Naturkundemuseum Berlin aufbewahrt und hat eine Größe von 40 x 18 x 14 cm und gemäß Literaturangaben eine Masse von 9 750 g. Es wurde 1860 in der Stadt Rarwino (Rarvin) bei Kamień Pomorski (Cammin in Pommern) gefunden. Das größte brotförmige Geröll in Polen wiegt 3 250 g und stammt aus einer Kiesgrube bei Żarnowiec (Zarnowitz). Es ist im Bernsteinmuseum in Danzig ausgestellt und eine Leihgabe aus der Privatsammlung von S. und M. Siezieniewski. Der Vergleich von Größe und Form von Bernsteinstücken mit einem menschlichen Kopf, der in alter Literatur verwendet wird, klingt in der Bezeichnung »Kopf« wider, der zur Beschreibung kugeliger Bernsteingerölle verwendet wird. Diese wurden glatt gescheuert, als sie an Felsbrocken anhafteten oder in schmelzenden Gletschertöpfen lagen.

Jüngere Sedimente können ebenfalls Bernsteinstücke enthalten, die trotz ihres langen Transports praktisch keine Abriebspuren besitzen. Ein schönes und unzerstörtes Stück von 3 800 g, das im früheren Ostpreußen gefunden wurde, überlebte aus der Königsberger Universitätssammlung und wird heute in Göttingen aufbewahrt. Es ist kaum vorstellbar, dass es fast 300 km reiste, ohne dabei die natürliche Form zu verlieren. Denkbar ist, dass es die Strecke zwischen dem Samland und Masuren eingehüllt in einem natürlichen Gefrierschrank verbrachte, der von den kontinentalen Gletschern stammte oder von Ton ummantelt zusammen mit dem Material der Seitenmoräne reiste.

Eine Fülle von Bernsteinvarietäten

Warum ist mancher Bernstein gelb und anderer rot? Warum ist mancher durchsichtig oder nur durchscheinend und ein anderer so weiß wie Kreide und völlig undurchsichtig? Eine solche Farbenvielfalt wie beim baltischen und Bitterfelder Bernstein findet man bei keinem anderen fossilen Harz, das ebenfalls als Bernstein bezeichnet wird. Die Natur hat den baltischen Bernstein mit unterschiedlichen Farben, Schattierungen und verschieden starker Transparenz ausgestattet, deren Fülle kaum bei anderen Schmuck-

Eine der schönen durchsichtigen Varietäten von baltischem Bernstein, auch als Schmuckbernstein bezeichnet. Sammlung des Museums der Erde, Warschau © M. Kazubski

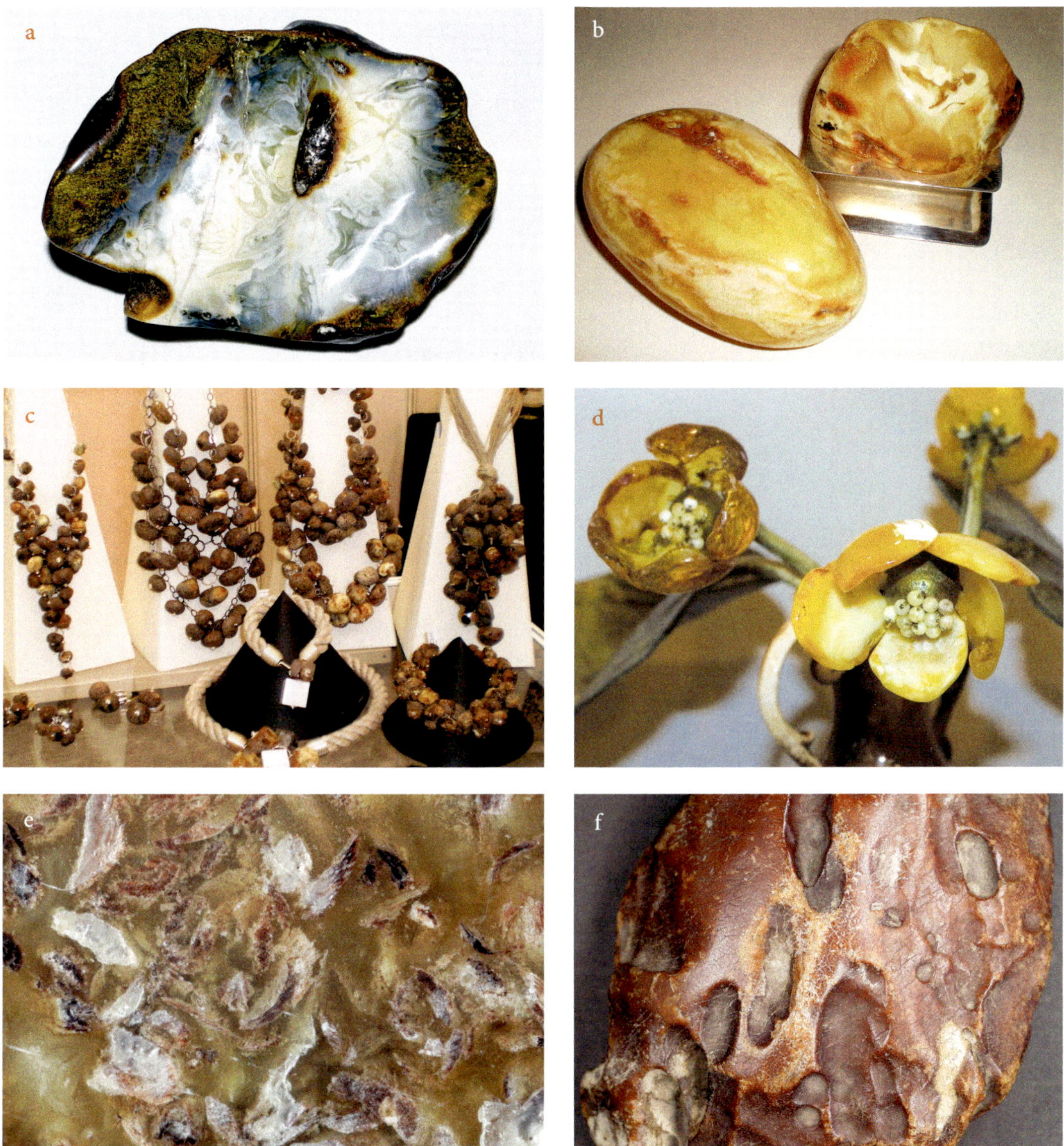

Reiches Spektrum von Varietäten als unbearbeitete Stücke und Bernsteinerzeugnisse: a) sehr seltene bläuliche Varietät bei ukrainischem Bernstein. Privatsammlung E. Pietras © B. Kosmowska-Ceranowicz; b) undurchsichtige gelbe »marmorierte« Varietät. Privatsammlung © B. Kosmowska-Ceranowicz; c) Ketten aus sogenanntem Erdbernstein, einer Bernsteinvarietät, die mehr pflanzlichen Detritus als Harz enthält, das diesen »verleimt«, Bernsteinkünstler bezeichnen dies als Schlack(e) oder Brack, was gegenwärtig sehr modern ist. Handarbeit von J. Tobińska © B. Kosmowska-Ceranowicz; d) schöne Varietäten als Blütenblätter; die Lilien-Serie, Bernstein, Leder von L. Gradinarova, 2005, ausgestellt auf der AMBERIF Messe in Danzig. © J. Kupryjanowicz; e) Frisches Holzgewebe, das an feinen Sandstaub erinnert, wurde von den Zähnen kleiner Nagetiere abgeraspelt. © J. Kupryjanowicz; f) Succinit, sogenannter Erdbernstein aus dem ehemaligen Braunkohlentagebau Goitsche bei Bitterfeld. © R. Wimmer

a) poliertes Stück einer seltenen bläulichen Varietät des baltischen Bernsteins © Bernsteinmuseum Jarosławiec (Jershöft);
b) ein »Buch«, hergestellt aus einer von unter der Rinde stammenden Platte aus weißem Kreidebernstein, die von einer Verwitterungsschicht mit natürlichen Abdrücken überzogen ist, Helena Company. Privatsammlung © M. Kazubski

steinen vorkommt. Diese Kriterien werden zur Unterscheidung der Bernsteinvarietäten verwendet.

Fragen zu den Bernsteinvarietäten kursieren von jeher unter den Bernsteinenthusiasten. Plinius d. Ä. verwendete zum Vergleichen der Bernsteinfarben Feuer, falernischen Wein und Honig. Schon davor wurde er mit Safran oder Gold verglichen. Im 16. Jahrhundert stellte der Dresdener Physiker Johannes Kentmann (1518–1574) einen Mineralienkatalog zusammen, in dem er 24 Bernsteinvarietäten auflistete, darunter auch einige mit Inklusen (Kentmann 1565). Im 19. Jahrhundert wurden Klassifizierungen von Bernsteinvarietäten für kommerzielle Zwecke entworfen.

Das polnische »Mały słownik odmian bursztynu« (Kleines Wörterbuch der Bernsteinvarietäten) von Adam Chętnik (Chętnik 1981) bildet die Grundlage für die Klassifizierung und Beschreibung von baltischen Bernsteinvarietäten, die von Krystyna Leciejewicz (1950–2008), der langjährigen Kuratorin der Varietäten-Abteilung der Warschauer Bernsteinsammlung, entwickelt wurde (Leciejewicz 1996). Chętnik gründete sein Wörterbuch auf dem umfangreichen umgangssprachlichen Vokabular, das sich im Narewbecken entwickelt hatte und das der früheren deutschen Literatur ebenbürtig war. Einige Namen aus der Kurpie-Region, wie sauberer, schmutziger, federiger, nackter Bernstein oder Bernstein in einer Schale beschreiben nicht die Farbe oder den Grad

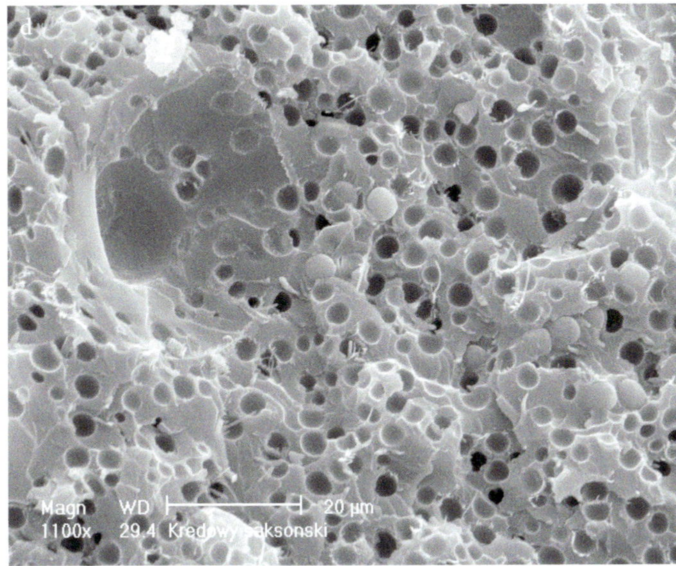

c) Weiße Medaillons, verschiedene weiße Varietäten (unten), Kreidebernstein (oben), Knochenbernstein (links), Harald Popkiewicz. Privatsammlung © B. Kosmowska-Ceranowicz;
d) Struktur des weißen festen Schaums von der sächsischen Bernsteinvarietät (Succinit) – Abbildung von einem Auflicht-Elektronenmikroskop (SEM). © B. Kosmowska-Ceranowicz

der Transparenz, sondern deuten auf die Herkunft der jeweiligen Varietät und beziehen sich auf die Struktur oder die Beschaffenheit ihrer Oberfläche.

Sauberer Bernstein enthält keinerlei Beimengungen. Die als Detritus bezeichnete fein verteilte und veränderte pflanzliche Substanz verursacht »schmutzigen« Bernstein, manchmal auch Erdbernstein genannt, und wenn das Bernstein-Bindemittel gegenüber dem Detritus überwiegt, handelt es sich um sog. Schlackebernstein, Schlack oder Brack. Ein fossiles Harz mit kleinen Partikeln verrotteter Zellulose oder Spänen von meist frischem Holzgewebe ist braun. Obwohl frisches Holzgewebe an feines Sägemehl erinnert, waren es die Zähne kleiner Nagetiere und kein Hobel, die dies verursachten.

Federiger Bernstein leitet über zu einer Gruppe, bei der die Reinheit und damit die Transparenz des Bernsteins durch feine Harzpartikel gestört sind, die bei der Härtung aufgeschäumt oder untergemischt wurden. Die Gasblasen können so dicht gepackt sein, dass undurchsichtiger Bernstein entsteht, wobei frische Brüche die Porosität nicht erkennen lassen. Diese Varietät wurde als Kreidebernstein bezeichnet, im Unterschied zu einer weißen Varietät, die als Knochenbernstein bekannt ist und in der die Poren etwas größer sind und nicht so eng beieinanderliegen, wodurch Farbe und Struktur an Knochen erinnern.

Weißer Succinit, sog. Kreidebernstein aus dem ehemaligen Braunkohlentagebau Goitsche bei Bitterfeld. © R. Wimmer

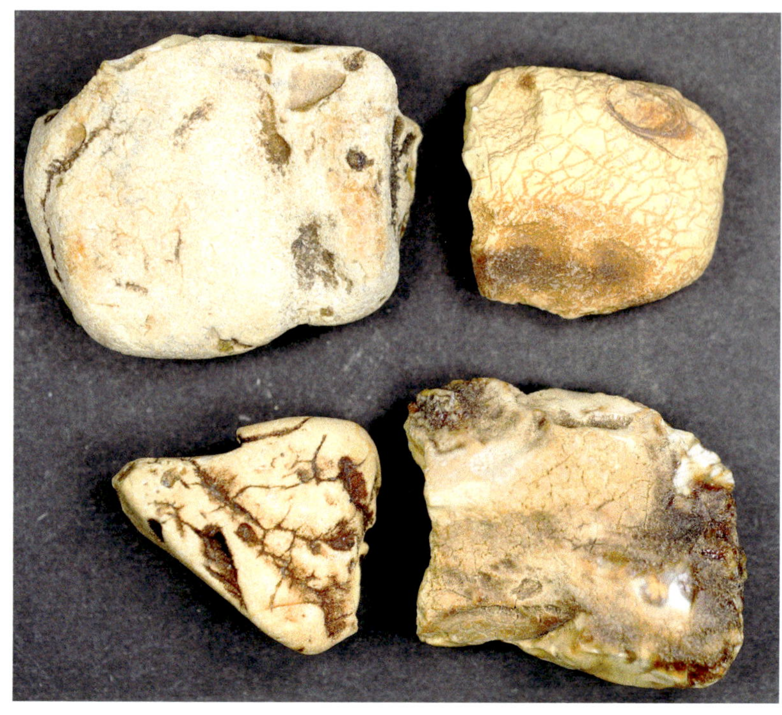

Klassifikation der Varietäten des baltischen Bernsteins von Krystyna Leciejewicz (1996)

Primäre Varietäten
Unterscheidung nach der Struktur (Beispielnamen):

durchsichtiger Bernstein	durchscheinender Bernstein	undurchsichtiger Bernstein gelb	undurchsichtiger Bernstein weiß
Schmuckbernstein, Honigbernstein	wolkiger Bernstein, Wölkchenbernstein, gefleckter Bernstein	Krautbernstein, Marmorbernstein, geringelter Bernstein, gestreifter Bernstein	Knochenbernstein, Kreidebernstein

mit organischen Verunreinigungen:
gesprenkelter Bernstein, Schlackebernstein, Erdbernstein

Sekundäre Varietäten
während des Alterungsprozesses (Verwitterung) des Bernsteins entstanden, ergeben sich durch:

Farbveränderungen	Brüche	Krusten
rot, rotbraun, gelbweiß	Zuckerbernstein (Form)	körnige, oft polygonale Struktur

Die Vielfalt des baltischen Bernsteins hängt maßgeblich von seiner inneren Struktur ab, die unter dem Elektronenmikroskop erkennbar ist. Untersuchungen an der porösen Varietät ergaben, dass der Durchmesser der Poren (Gasblasen) zwischen 0,8 und 0,9 nm beträgt. In frischem flüssigem Harz machen flüchtige Bestandteile bis ca. 20 % aus, daher ist das, was heute Bernstein ist, in wesentlichem Maße abhängig von den Bedingungen, unter denen der Bernstein erhärtete und sich die in ihm ursprünglich enthaltenen Gase verflüchtigten. Sofern die flüchtige Phase keine poröse (schaumige) Struktur verursachte, wurde die herrliche Transparenz des Bernsteins nicht beeinträchtigt. Falls Gase jedoch sehr schnell entwichen, beispielsweise unter Sonneneinwirkung, oder sehr langsam, wenn z. B. die Oberfläche aushärtete oder das Stück in einer Spalte eingeschlossen war, konnte das Harz »schäumen«, wobei es die charakteristische Struktur von festem Schaum erhielt und undurchsichtig, weiß oder sogar bläulich wurde. Die Farben der primären und sekundären Varietäten lassen sich am besten an geschliffenen und von ihrer Verwitterungsrinde befreiten Stücken beurteilen und an einzigartigen, von Meistern des Bernsteinhandwerks gefertigten Stücken.

Reiner Bernstein ist eine Varietät, die frisch, unverwittert und deren sichtbare ursprüngliche gelbe Farbe unverändert geblieben ist oder deren nachgedunkelte rötliche »Rinde« natürlich vom Seesand durch die Wellenbewegung des Wassers poliert wurde. Eine dickere »Rinde«, die auch als Mantel bezeichnet wird, entsteht auf der Oberfläche eines Bernsteinstückes, während sich die ursprüngliche Farbe von gelb über orange oder rötlich zu braun und schwarzbraun verändert. Das geschieht durch Verwitterungs-

Succinit mit zuckerkörniger Verwitterungsschicht aus dem ehemaligen Braunkohlentagebau Goitsche bei Bitterfeld. © R. Wimmer

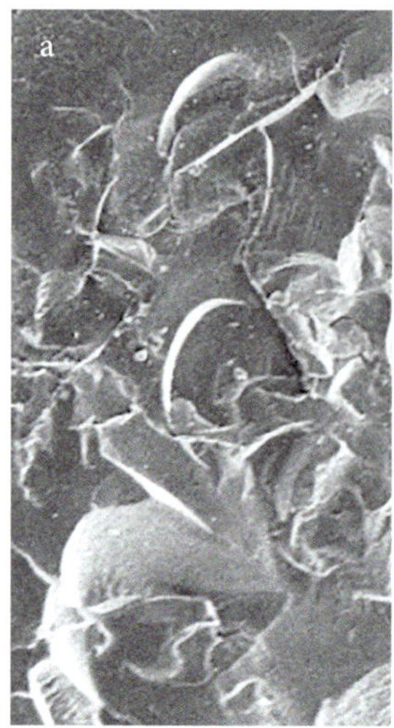

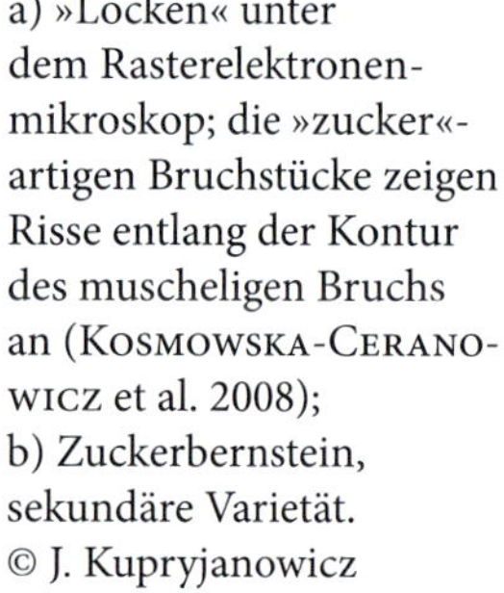
a) »Locken« unter dem Rasterelektronenmikroskop; die »zucker«-artigen Bruchstücke zeigen Risse entlang der Kontur des muscheligen Bruchs an (Kosmowska-Ceranowicz et al. 2008);
b) Zuckerbernstein, sekundäre Varietät.
© J. Kupryjanowicz

prozesse an der Oberfläche und wird durch Licht, Wärme und vor allem Feuchtigkeitsschwankungen hervorgerufen. All das spiegelt sich in der Klassifizierung der Bernsteinvarietäten wider.

Auf dem bereits erwähnten Kongress im baskischen Vitoria 1998 stellte Aniela Matuszewska ein interessantes Thema vor, und zwar zu den anorganischen und organischen Bestandteilen, die im Wasser von Autoklaven nach der thermischen Behandlung von baltischem Bernstein verbleiben (Karwowski & Matuszewska 1999, Matuszewska 2011). Dies wurde zwischen 1990 und 2008 als thermische »Veredlung« bezeichnet und ist heute als »Modifikation« bekannt. Eine der Vermutungen ist, dass Wasser und Salze sowie organische Komponenten teilweise für die natürliche Undurchsichtigkeit des Bernsteins verantwortlich sind. Damit bezieht sich die Klassifikation der in der Tabelle dargestellten Varietäten ausschließlich auf natürlichen, nicht thermisch behandelten Bernstein.

Die hellen Farben des Bernsteins sind kein dauerhaftes Merkmal. Entsprechend seiner Struktur, einer Art makromolekulares Gerüst, ist Bernstein neben seiner molekularen Phase (die einzig lösliche) ein lebender Stein, der sein »Leben« durch Änderungen der Farbe – beginnend an der Oberfläche – erkennbar schon nach 15 – 20 Jahren – offenbart. Sekundäre Farben sind dunkler, kräftiger, orange, rot oder rotbraun und meist wegen der Vielfalt der Schattierungen viel schöner. In der Natur reißt die Oberfläche zuerst leicht, um interessante zuckerartige Strukturen zu bilden und danach entsteht eine 2 – 3 mm dicke Schicht aus verwittertem Bernstein. Die Untersuchungen der Autorin unter dem Rasterelektronenmikroskop

Sekundäre Varietäten des Succinits:
a) baltischer Bernstein mit Überzug. © M. Kazubski;
b) Halskette – eine Minikollektion von sächsischen (Bitterfelder) Bernsteinvarietäten, die ihre Farbsättigung innerhalb von nur 15 Jahren erlangt haben, gefertigt von Maria Lewicka-Wala. Privatsammlung © B. Kosmowska-Ceranowicz;
c) ein Geröll von 530 g mit verwitterter Oberfläche, die typisch für ukrainischen Bernstein ist. Sammlung des Museums der Erde, Warschau © M. Kazubski

zeigten, dass die Mikrorisse, die die Zuckervarietät ergeben, entlang deutlicher Linien von muscheligem Bruch verlaufen (Voluten oder Locken) (Kosmowska-Ceranowicz et al. 2008).

Die verwitterten Oberflächen zeigen eine große Farbvielfalt, von schmutzig weiß, über gelblich und braunrot, zu schwarz, was besonders für ukrainischen Bernstein typisch ist. Bei Bitterfelder Bernstein (Succinit) fand man heraus, dass die Verwitterung schneller als bei baltischem Bernstein abläuft, da das Nachdunkeln der Farbe bei polierten Oberflächen nur 15 Jahre dauert. Es ist der Hinweis auf eine unzweifelhafte und bis heute ungeklärte Eigenheit unter den zur Succinit-Gruppe gehörenden Harzen.

Jeder Gemmologe weiß, dass die verwitterte Oberfläche eines durchsichtigen oder durchscheinenden Steins einen herrlichen Hintergrund für eine Brosche oder ein großes Cabochon in einem größeren Gesamtkunstwerk bilden kann. Um so schwerer ist nachvollziehbar, warum vor allem ausländische Kunden, anstatt sich für schöne natürliche Bernsteinfarben zu interessieren, lieber nach Bernstein mit Glitzer oder nach geklärtem Bernstein suchen, dessen Farbe sich zu grünlich (!) verändert hat und der einer Wärmebehandlung unterzogen wurde. Daher ist es auch kein natürlicher Bernstein mehr. Ohne seine grundlegenden Eigenschaften zu verlieren, ist es nun nur noch »echter« Bernstein, oder, wie Experten sagen würden, modifizierter oder »umgearbeiteter«, mit anderen Worten Pressbernstein. Dass transparenter Bernstein, der in der Natur seltener als undurchsichtiger Bernstein vorkommt, in Mode ist, begründet die fortwährend perfektionierte Technologie der Klärung von Bernstein in industriellem Umfang, wobei natürlicher Bernstein immer noch am wertvollsten ist. Kein »Cognac«, eine modische Varietät, die in Autoklaven unter für Bernstein tödlichen Bedingungen hergestellt wird, kann es mit der Schönheit eines natürlichen Juwels, wie Schmuck- oder Wolkenbernstein, aufnehmen.

Darüber hinaus ersetzen künstlich erzeugte innere Risse, auch Glitzer oder Schuppen genannt, niemals die von der Natur gezauberten Miniaturlandschaften, die von der in einem Bernsteinklumpen eingeschlossenen Pflanzenmasse oder Luft herrühren.

Tierische Inklusen im Bernstein

»Bernstein ist eine Schatzkiste für die paläontologische Forschung. Das Stück transparenten Harzes hat mumifizierte Tiere als Einschlüsse von vor 40 Mio. Jahren erhalten. Das Harz funktionierte für die im Bernsteinwald lebenden Tiere wie eine selektive Falle. Es waren vor allem kleine Tiere, die auf den harzproduzierenden Bäumen oder in ihrer Umgebung lebten und die von den klebrigen Absonderungen gefangen wurden. Für kräftige und große Individuen, die der Harzgeruch abschreckte, bestand kaum die Gefahr, dass sie darin ertrinken. Einigen Tieren gelang es, sich aus dem klebrigen Harz zu befreien, aber für gewöhnlich auf Kosten von Gliedmaßen, Flügeln oder Antennen.« So schrieb Róża Kulicka (1944–1999), eine Inklusenforscherin, 1996 über tierische Einschlüsse (Kulicka 1996).

Stalaktiten oder deren Fragmente (Schalen), kommerziell als gespleißter Bernstein bekannt, sind das von Paläontologen meistgesuchte Material, das die ergiebigste Quelle organischer Einschlüsse im Bernstein bildet. Kleine Arthropoden sitzen oft auf den natürlichen Fliegenfallen und werden deshalb rasch von einer neuen Portion Harz überzogen.

Versuche, aus der klebrigen Substanz zu entkommen, sind im Bernstein als Halos um die Flügel oder Gliedmaßen erhalten geblieben, während einzelne Körperteile vom teilweisen Erfolg beim Entkommen aus der Falle zeugen.

Untersuchungen an tierischen Einschlüssen ermöglichen Schlussfolgerungen über Klima und Umwelt, vor allem in Hinblick

Eine auf einer Lärche laufende Ameise in Wołomin, Polen (2010) wurde von einem Harzausfluss gefangen. © M. Wierzbicki

auf die Gliedertiere (Arthropoden). Die im Bernstein eingebettete Fauna bestätigt die Annahme von der Existenz unterschiedlicher Klimazonen, die aus den Untersuchungen zu den Pflanzeninklusen folgen. Die damaligen Wälder entwickelten sich in der subtropischen und temperaten Zone.

Solche Untersuchungen ermöglichen es auch, gegenseitige Abhängigkeiten und Populationsgrößen der unterschiedlichen Ordnungen und Familien innerhalb der zahlreichen Insekten, Spinnen und einiger Tausendfüßler aus den eozänen oder auch älteren Wäldern zu rekonstruieren. Die Klasse der Spinnen (Arachnida) umfasst 29 Spinnen-Familien, Pseudoskorpione und Milben. Unter den 18 000 Inklusen, die die Warschauer Bernsteinsammlung umfasst, befinden sich lediglich 14 Tausendfüßer (Myriapoda) aus zwei Familien, Julidae und Polyxenidae.

Neben den Arthropoden, von denen im Bernstein wegen ihrer geringen Größe und ihrer daraus resultierenden Schwäche gegenüber dem klebrigen Harz die meisten Einschlüsse existieren, kommen außerdem bloße Spuren anderer Tiere vor. Bernstein hat auch Schnecken konserviert, einmalige Stücke von Rädertierchen (Rotifera) (zwei Proben befinden sich in der Sammlung des Museums der Erde), Fadenwürmer (Nematoda) und Flohkrebse (Crustacea:

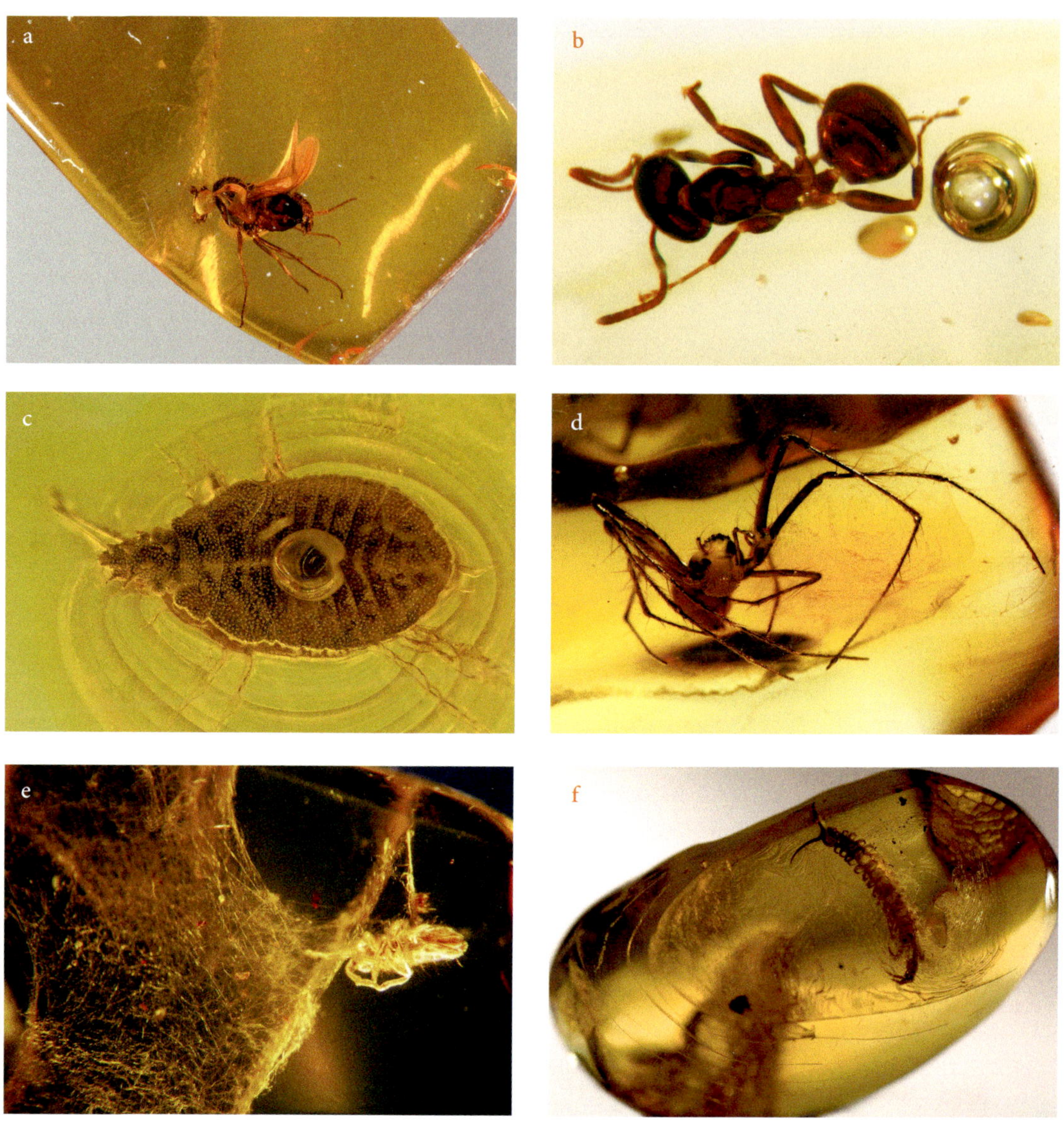

Die verbreitetsten tierischen Inklusen im Bernstein sind: Insekten (Insecta), Spinnen (Arachnida) und Tausendfüßer (Myriapoda): a) Insekten – *Gintara gestuosa* aus der Familie der Dickkopffliegen (Diptera: Brachycera: Dolichopodidae); b) Ameise aus der Familie Formicidae (Hymenoptera); c) echte Wanze aus der Gattung *Sinalda*, Familie der Netzwanzen (Heteroptera: Tingidae); d) Spinne (Araneae); e) Oftmals sind die Spinnen mitsamt dem Netz im Harz erstickt. Sammlung des Museums der Erde, Warschau; f) Hundertfüßer (Chilopoda). Sammlung der Universität Białystok © J. Kupryjanowicz

Amphipoda: Gammaridae) (Jażdżewski & Kulicka 2000). Dass Flohkrebse im frühen Paläogen gelebt haben, wurde erst anhand der im Bernstein gefundenen Exemplare bestätigt.

Am häufigsten in baltischem Bernstein gefundene Insektenordnungen*

Ordnung	Warschauer Bernsteinsammlung [1]		Universität Danzig, Inklusenmuseum [2]	
	Anzahl Proben	%	Anzahl Proben	%
Springschwänze (Collembola)	496	7,8	585	10,3
Schaben (Blattodea)	8	0,1	9	0,1
Heuschrecken (Orthoptera)	5	0,08	–	–
Ohrwürmer (Dermaptera)	3	0,05	–	–
Staubläuse (Psocoptera)	36	0,5	27	0,4
Thripse (Thysanoptera)	56	0,8	43	0,7
Schnabelkerfe (Hemiptera)	366	5,5	359	6,7
Netzflügler (Neuroptera)	1	0,02	–	–
Käfer (Coleoptera)	333	5,0	251	4,4
Hautflügler (Hymenoptera)	830	12,0	522	9,2
Köcherfliegen (Trichoptera)	94	1,4	74	1,3
Schmetterlinge (Lepidoptera)	30	0,4	32	0,55
Zweiflügler (Diptera)	4319	66,05	3714	65,6
Termiten (Isoptera)	11	0,16	14	0,2
Eintagsfliegen (Ephemeroptera)	2	0,03	3	0,05
andere	18 **	0,21	29	0,5
Summe	6605	100	5662	100

1 Warschauer Bernsteinsammlung, aus den Lagerstätten Stogi und Wisłoujście (Danzig); Sammlung von Tadeusz Giecewicz (Kulicka & Kosmowska-Ceranowicz 2001).
2 Sammlung des Inklusenmuseums, Universität Danzig, von Lagerstätten aus dem Samland.
* Quelle: (1) Kulicka & Kosmowska-Ceranowicz (2001b) und (2) Szadziewski & Sontag (2001),
** Fischchen (Thysanura) (3), Tarsenspinner (Embioptera) (1), Fächerflügler (Strepsiptera) (5), Steinfliegen (Plecoptera) (3), Gespenstschrecken (Phasmida) (1), Ohrwürmer (Dermaptera) (3), Heuschrecken (Saltatoria) (1)

Ebenfalls gefunden wurden Abdrücke von Autopodien (Endglieder der Tetrapodenextremitäten) von Säugetieren sowie Haare, die kleinen Säugetieren zugeschrieben werden (Sikorska-Piwowska & Kulicka 1999). Besonders seltene Funde sind eine von Bernstein umhüllte Klaue, die zu einem Vertreter der Schweine (Suidae) gehört sowie Eidechsen, die im Bernstein in unterschiedlichen Erhaltungsstadien konserviert wurden.

Die erste wissenschaftliche Erwähnung einer Eidechse (*Nucras succinea* Boulenger) in baltischem Bernstein aus dem Samland stammt aus dem Jahr 1890 von R. Klebs (Klebs 1890). Nach den Wirren des Zweiten Weltkriegs und der Nachkriegsjahre wurde sie Teil der Naturwissenschaftlichen Sammlung des Göttinger Universitätsmuseums (Ritzkowski 1999). Mehr als 100 Jahre später wurde 1997 eine zweite Eidechse in Danzig Stogi, Polen gefunden und diese bildete den Beginn einer Reihe neuer Funde in Polen und Litauen. Die Untersuchungen von Roża Kulicka an der Körperstruktur der Stogi-Eidechse und an den von ihr erhaltenen Schuppen ergaben, dass das Stück ein junges Exemplar einer Echten Eidechse (Familie Lacertidae) war. Die Eidechse wurde von M. Borsuk-Białyncka als *Succinilacerta succinea* (Boulenger) beschrieben (Borsuk-Białyncka et al. 1999).

Organische Inklusen kommen nicht nur in Succinit vor. Sowohl Arthropoden aus der Kreide als auch aus dem Paläogen sind beispielsweise besonders häufig in dominikanischem Bernstein, kanadischem Cedarit, spanischem Alava-Bernstein, in fossilen Harzen

Von Harz gefangene Ameise. © M. Kazubski

aus der Unterkreide des Libanon, ebenso wie in Schichten des oberen Jura und im chinesischen Fushun-Bernstein (in Lagerstätten aus dem unteren Eozän, der Kreide und dem Jura). Im Fushun-

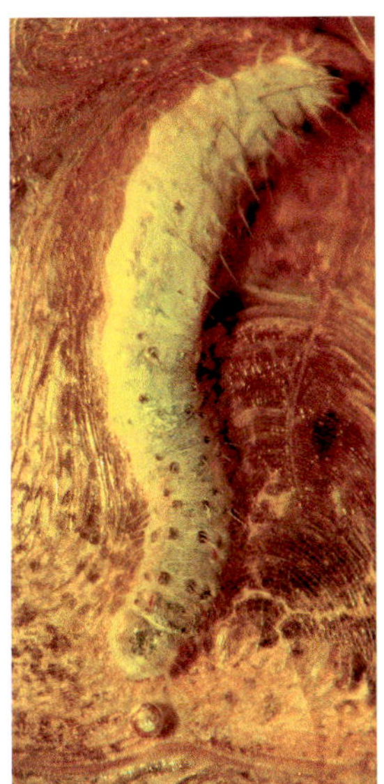

Einzigartige tierische Inklusen oder ihre Spuren in Bernstein
Links: *Palaeogammarus polonicus*, (Krebstiere [Crustacea]: Gammaridae). Sammlung des Museums der Erde, Warschau © J. Kupryjanowicz; Rechts: gut erhaltene Larve eines Wicklers (Tortricidae), einer Gruppe der sog. Kleinschmetterlinge. Einige Wickler leben in den Sprossen von Nadelbäumen und verursachen starken Harzfluss. Sammlung des Museums der Erde, Warschau © D. Nast

Bernstein fanden chinesische Wissenschaftler 185 neue Gattungen und 172 neue Arten der Entomofauna. Immer öfter entdeckt, besitzen Harze mit Einschlüssen eine besondere Bedeutung für die Paläoentomologie.

Anorganische Inklusen im Bernstein

Bernstein enthält auch anorganische Einschlüsse, wie Luftblasen, die selbst mit bloßem Auge erkennbar sind, manche von beachtlicher Größe und mit Begrenzungen, die klar oder mit Abbauprodukten überzogen sind. Es gibt auch mit Wasser gefüllte Blasen. Sowohl Wasser als auch Luft befinden sich seit der Entstehung des Bernsteins in den Blasen und sind deshalb ebenfalls ein Forschungsgegenstand. Häufig mit pflanzlichen Einschlüssen verwechselt und als Pflanzen- oder sogar Tierinklusen ausgewiesen, werden sie als Pseudoinklusen bezeichnet. Im Kapitel über die Varietäten wurde bereits auf Bernsteinklumpen eingegangen, in denen sich ein Dispersionssystem (fester Schaum) befindet, das mit bloßem Auge nicht zu erkennen ist. Das flüssige Harz war das Dispersionsmedium, in dem sich das Gas als fein verteilte Phase befindet.

Die Bernsteinfirma S. und M. Siezieniewski in Sopot (Zoppot) besitzt ein Stück »mit Sand«. Lockeres Material, das makroskopisch an Sand erinnert, bewegt sich in einem leeren Raum. Mikroskopisch kann man jedoch bei maximaler Vergrößerung unter dem

Pseudoinklusen.
Sammlung des Museums der Erde, Warschau
© M. Kazubski

Binokular sehen, dass es sich um Bernsteinstaub handelt, der möglicherweise dadurch entstanden ist, dass zwei bereits trockene Bernsteinoberflächen aneinander gerieben haben.

In kleinen Spalten wiederum findet sich oft Eisensulfid (Pyrit) in Form kleiner Kristalle oder als Konglomerat aus Bodenpyrit, Quarz und Glaukonit. Befindet sich Pyrit in Spalten, oxydiert er leicht und vergrößert dabei sein Volumen, wodurch sogar große Bernsteinstücke gesprengt werden.

In Tropfsteinformen kommen oft metallische Färbungen zwischen den Bernsteinschichten vor, bei denen es sich um Spuren von gepresstem Staub handelt.

Bei einer rasterelektronenmikroskopischen Untersuchung an Bernsteinstrukturen konnte ein Quarzkorn erfolgreich isoliert werden, und zwar nicht aus einer Spalte, sondern aus der Bernsteinsubstanz. Schön glattgerieben und poliert klemmte es in einem Bernsteinstalaktiten neben metallischen Knöllchen, die möglicherweise von einem Meteoriten stammen. Bei 1200-facher Vergrößerung entpuppten sich die Knöllchen als hohle Geoden mit einer Ansammlung aus Kristallen von einer Größe bis zu 36 x 30 µm und mit folgender Elementarzusammensetzung: C – 8,35 %, O – 15,57 %, Si – 0,53 %, S – 40,50 %, Fe – 35,05 %.

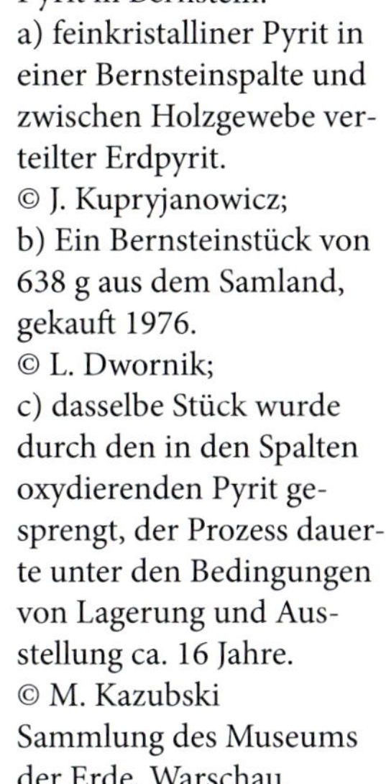

Pyrit in Bernstein:
a) feinkristalliner Pyrit in einer Bernsteinspalte und zwischen Holzgewebe verteilter Erdpyrit.
© J. Kupryjanowicz;
b) Ein Bernsteinstück von 638 g aus dem Samland, gekauft 1976.
© L. Dwornik;
c) dasselbe Stück wurde durch den in den Spalten oxydierenden Pyrit gesprengt, der Prozess dauerte unter den Bedingungen von Lagerung und Ausstellung ca. 16 Jahre.
© M. Kazubski
Sammlung des Museums der Erde, Warschau

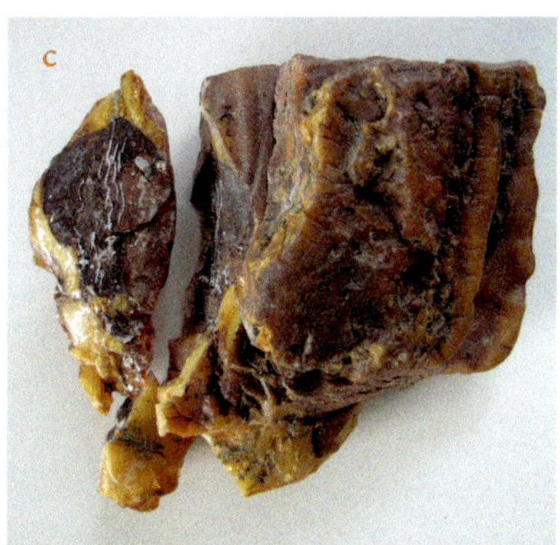

Mikrokristalle aus Bernsteinsäure, die bisher als Einschlüsse nicht bekannt waren, konnten mit Hilfe des Rasterelektronenmikroskops nachgewiesen und dokumentiert werden. Diese Entdeckung hatte sich bereits durch das Vorhandensein einer kristallinen Phase angedeutet, die schon viel früher durch ein Beugungsbild gefunden wurde. Jetzt konnte fotografisch dokumentiert werden, dass sich Mikrokristalle in undurchsichtigem weißem Bernstein der Knochen-Varietät gebildet haben, der aus der Lagerstätte Goitsche bei Bitterfeld, Deutschland, stammt.

Im Folgejahr wurden Proben derselben Varietät aus der Ostseeregion untersucht und auch dort konnte kristalline Bernsteinsäure nachgewiesen werden. Stabförmige, tafelförmige und nadelförmige Mikrokristalle fanden sich in Bläschen von 6–12 µm Größe.

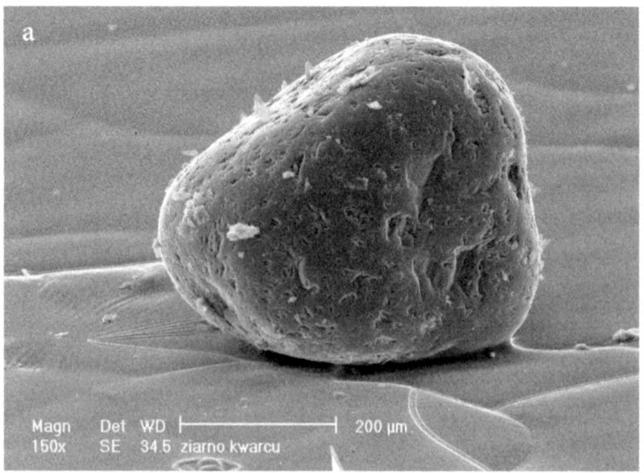

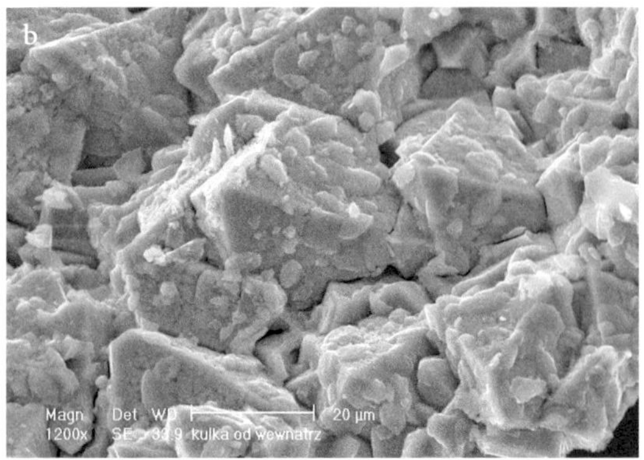

Unter dem Rasterelektronenmikroskop betrachtet: a) Quarzkorn, in Bernstein sehr selten vorkommend, 150-fache Vergrößerung (Kosmowska-Ceranowicz 2005); b) Mikrogeode mit kristallinem Glanz, Kristalle mit folgender Elementarzusammensetzung: C – 8,35 %, O – 15,57 %, Si – 0,53 %, S – 40,50 %, Fe – 35,05 %; rasterelektronenmikroskopische Aufnahme, 1200-fache Vergrößerung (Kosmowska-Ceranowicz 2005)

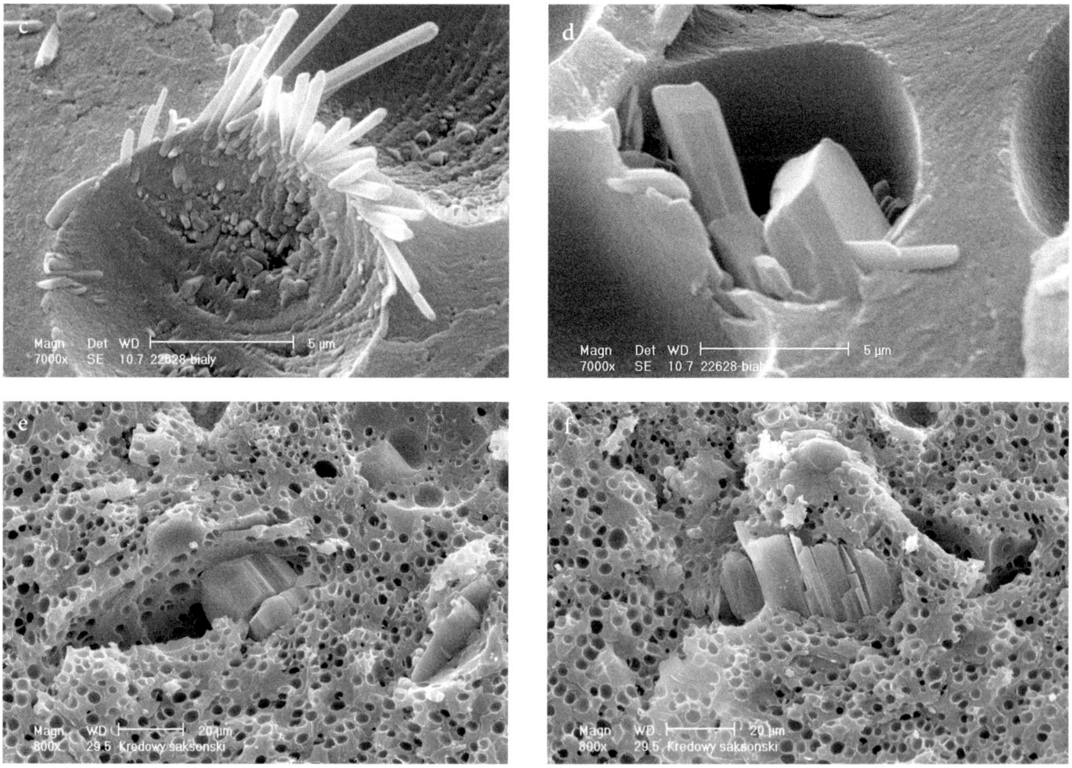

Mikrokristalle der Bernsteinsäure in Bläschen (kugelige Poren) in undurchsichtigem, weißem Bernstein mit fester Schaumstruktur aus dem Tagebau Goitsche bei Bitterfeld, Deutschland (Kosmowska-Ceranowicz et al. 2008): c) zwei durch stabförmige Mikrokristalle verbundene Blasen, 7000-fache Vergrößerung; d) tafelförmige Mikrokristalle, 7000-fache Vergrößerung; e) Mikrokristallzwilling in einer linsenförmigen Höhlung von porösem (schaumigem) Harz, 800-fache Vergrößerung; f) Mikrokristall mit undeutlicher Gestalt und deutlichen Klüften, 800-fache Vergrößerung

Andere fossile Harze

Bernstein ist seit Jahren ein wichtiges Thema in der Mineralogie. Jedes neu entdeckte fossile Harz hat, genauso wie jedes Mineral, das Recht auf einen Namen, der von seiner ersten Veröffentlichung an, d. h. dem Beginn seines Bekanntwerdens, seinen Weg in Lehrbücher, Enzyklopädien, Atlanten und Literatur zu diesem Thema findet. Mit der intensiveren Untersuchung und Dokumentation anderer fossiler Harze außer Succinit begann man im 19. Jahrhundert. Die ersten Harze, die mineralogische Bezeichnungen erhielten, waren solche, die in Succinitlagerstätten vorkommen (Gedanit, Glessit, Stantienit, Beckerit), heute als Begleit- oder akzessorische Harze bekannt. Als neues Material auftauchte, wurde damit begonnen, andere, weit entfernt von diesen Ablagerungen gefundene fossile Harze zu untersuchen. Heute sind sie, in unterschiedlichem Maße beschrieben, als Einzelstücke erhältlich. Die ältesten befinden sich in den Museen in Prag, Wien, Berlin und Göttingen. Nach dem Zweiten Weltkrieg entstanden auch bedeutende Sammlungen in Stuttgart, Moskau und Warschau.

Glessitstück von 805 g aus dem Braunkohlentagebau Lübbenau, Lausitz, Deutschland. Sammlung des Deutschen Bernsteinmuseums Ribnitz-Damgarten © B. Kosmowska-Ceranowicz

Farbige Varietäten des Glessits aus der Bernsteinlagerstätte Goitsche bei Bitterfeld, Deutschland. Sammlung des Museums der Erde, Warschau © M. Kazubski

Das Interesse der Hobbysammler an fossilen Harzen ist so groß, dass die Zahl der Entdeckungen unablässig zunimmt. Von den mehr als einhundert bekannten fossilen Harzarten sind aber nur wenige mehr oder minder häufig zusammen mit Succinit vergesellschaftet.

Akzessorische fossile Harze

Gedanit

Die Bezeichnung »Gedanit« beruht, wie bereits dargelegt, auf der alten lateinischen Bezeichnung für Danzig, da dieses Harz an den Stränden der südlichen Ostsee vorkommt. Gedanit wurde erstmals im Jahr 1878 von Otto Helm, einem Einwohner Danzigs, Pharmazeut, Wissenschaftler und Bernsteinsammler, beschrieben (Helm 1878). Gedanit ist durchsichtig, wobei der Katalog von Richard Klebs auch Beschreibungen von undurchsichtigem und durchscheinendem Gedanit enthält. Gedanit ist hellgelb und besitzt eine oft als goldgelb beschriebene, nur sehr selten dunklere Farbe. Er kommt in kleinen Stücken vor. Das größte gegen Ende des 19. Jahrhunderts beschriebene wog 200 g. Stalaktiten sind eine Rarität. An den Strand gespülte Brocken haben eine glatte Oberfläche ohne Verwitterungsspuren und tragen manchmal Reste der Gehäuse von Seepocken (*Balanus*), die auf dem Bernstein gesiedelt haben. Beim Verwitterungsprozess wird Gedanit mit einer Art dünner, staubig weißer Schicht überzogen, die ein diagnostisches Merkmal ist.

Eigenschaften von Gedanit:
- Härte: 1,5 – 2 nach Mohsscher Skala,
- Dichte: 1,058 – 1,068 g/cm^3,
- Schmelzpunkt: 260 – 270 °C,
- Gehalt an Bernsteinsäure: keine bzw. nur in Spuren.

Tests mit Infrarotspektroskopie (IRS) an Gedanit ergaben Spektra, die mit solchen von rezentem Kauriharz aus Neuseeland und dem eines Harzes einer fossilen, heute ausgestorbenen Koniferenart, *Cupressospermum saxonicum* Mai, aus der Familie der Zypressengewächse (Cupressaceae) verglichen werden können. Material für diese Untersuchung stand in Form eines Zapfens dieser Art aus dem Tagebau Goitsche zur Verfügung. Das führte zu einem Irrtum bei der Bestimmung des Ursprungs von Succinit, der in der Umgebung von Bitterfeld gefunden wird.

Bei vorsichtiger Behandlung lässt sich Gedanit sehr gut polieren; allerdings zerfällt er aufgrund seiner ausgeprägten Sprödigkeit oft bereits, bevor das Stück fertig ist. Schon Helm schrieb, dass Gedanit nicht bearbeitbar ist, wobei Klebs (1882) behauptete, dass er sich – wenngleich auch schlecht – sowohl bearbeiten als auch vermarkten lässt.

Gedanit: a) aus kreidezeitlichen Sedimenten, Taimyr, Russland. © L. Dwornik; b) sekundäre Varietät von Gedano-Succinit aus quartärer Lagerstätte. © M. Kazubski. Sammlung des Museums der Erde, Warschau; c) und d) aus dem ehemaligen Braunkohlentagebau Goitsche bei Bitterfeld. © R. Wimmer

Gedanit wird von Verkäufern als Succinit angeboten – manchmal sogar im guten Glauben zusammen mit dem Succinit, der an der polnischen Küste gefunden und der von lokalen Bernstein-Sammlern fälschlicherweise als Kopal oder junger Bernstein bezeichnet wird. Oft kommt es auch zu Verwechslungen mit dem im Ostseeraum häufigen Kolophonium.

Gedanit ist weit verbreitet. Das eine Vorkommen bei Danzig stammt aus marinen Sedimenten der blauen Erde aus dem Samland, aber er kommt ebenso zusammen mit Bitterfelder Succinit vor. In der Bitterfelder Lagerstätte ist Gedanit in etwas größeren Mengen als im Samland vertreten und enthält mehr pflanzlichen Detritus.

Gedanit wurde auch in wesentlich älteren Lagerstätten gefunden, beispielsweise aus der Kreide, zurückreichend bis mindestens 100 Mio. Jahre. Dieses Harz ist extrem spröde und wird manchmal als »Retinit aus der Gedanit-Gruppe« bezeichnet. Es ist aus kreidezeitlichen Sedimenten aus Frankreich (Morú; Chambiers, Durtal) und von entlegenen Regionen Sibiriens bekannt, vor allem Taimyr. Der Taimyr-Gedanit aus der Khatanga-Region besitzt nahezu identische Eigenschaften und zeigt in seinem IRS-Spektrum dieselben Banden wie baltischer Gedanit.

Eigenschaften von sibirischem Gedanit nach Sokołova (1990):

- Mikrohärte: 25–29 kg/mm^2 (vergleichbar mit Succinit),
- Erweichungspunkt: 150–180 °C,
- Dichte: 1,05–1,07 g/cm^3,
- Schmelzpunkt: 180–260 °C,
- Brechungsindex: 1,539–1,542.

Gedanit wurde auch im westlichen Taimyr gefunden: in der Agapa-Höhe, auf dem Taimyr-See und in den Oberkreide-Sedimenten (Cenomanium) von Yantardakh. Außerdem kommt er in Artem, Armenien in Form kleiner gelb-roter Harzklumpen in paläogenen Kohleformationen vor. Gedanit aus Chabarovsk im Fernen Osten wird sowohl in Form kleiner formloser Krümel als auch kleiner natürlicher Stalaktiten gefunden.

Glessit aus dem ehemaligen Braunkohlentagebau Goitsche bei Bitterfeld. © R. Wimmer

Glessit

Die Bezeichnung Glessit wurde 1881 von Otto Helm geprägt (Helm 1881a) und geht auf das Wort »glessum« zurück, das von Tacitus erwähnt und vom nordischen Stamm der Aesti zur Benennung von Bernstein verwendet wurde. Glessit wird sehr selten gefunden, und zwar sowohl in den Sedimenten des Samlands als fossiles Harz, das in den Lagerstätten zusammen mit Succinit vorkommt, als auch an der Ostseeküste. Ungeachtet dessen geht aus Helms Beschreibung hervor, dass er bis zu 20 Stücke für seine bahnbrechenden Untersuchungen zur Verfügung hatte. Neben der Elementaranalyse bestimmte Helm auch die spezifische Leitfähigkeit mit 1,015–1,027, die Härte (nach der Mohsschen Skala) mit ca. 2 und spezifizierte den

Bruch als muschelig, fettig. Er beschrieb die an der Bruchstelle des Glessits sichtbare Struktur als »zellulär«. Diese Eigenschaft ist auch bei einigen Glessitstücken aus der Bitterfelder Succinitlagerstätte zu erkennen. Obwohl in der Literatur nicht erwähnt, war Glessit, zusammen mit anderen fossilen Harzen aus der Helm-Sammlung, die im Westpreußischen Provinzialmuseum in Danzig aufbewahrt wurde, 1995 in Leipzig bei der Ausstellung »Bernsteinsplitter« zu sehen. Diese Proben kehrten 1997 als Schenkung von Günter Krumbiegel nach Danzig zurück und sind heute eines von nur wenigen Stücken der Regionalabteilung der alten Danziger Bernsteinsammlung, die wiederentdeckt wurden (Krumbiegel et al. 1999). Einzelne Glessit-Proben aus der alten Königsberger Sammlung haben ebenfalls die Wirren des Zweiten Weltkriegs überstanden und befinden sich jetzt in Göttingen. Glessit wurde als eines der häufigeren akzessorischen Harze in der Bitterfelder Succinitlagerstätte und in Lausitzer Quartärsedimenten gefunden. IRS-Untersuchungen haben außerdem Glessit identifiziert, der von v. Linstow 1912 als Scheibeit bezeichnet wurde und aus dem Tagebau Golpa bei Gräfenhainichen in Sachsen-Anhalt stammt (Linstow 1912).

Prof. Barbara-Kosmowska-Ceranowicz, Dr. Günter und Brigitte Krumbiegel (v. l. n. r.) bei einer Exkursion im Samland (Kaliningrader Gebiet) 2003. © W. Gierłowski

Elementarzusammensetzung von Glessitproben
ermittelt anhand der IRS-Methode, aus folgenden Lagerstätten: Samland (eozäne Lagerstätten), Sachsen-Anhalt (Sa.-Anh., oberoligozäne bis untermiozäne Lagerstätten), Brandenburg (quartäre [Lohsa] und oligozäne bis miozäne [Kleinkoschen] Lagerstätten) und Sarawak, Borneo (untermiozäne Lagerstätte); IRS: IRS-Inventarnummer am Museum der Erde Warschau (Kosmowska-Ceranowicz 1999)

Nr.	IRS	Vorkommen	C (%)	H (%)	O (%)	S (%)
1		Samland (nach Helm 1881a)	79,36	9,48	10,72	0,44
2	194	Tagebau Palmnicken, Samland, Russland	77,55	11,35	11,10	<0,3
3	147	Tagebau Goitsche bei Bitterfeld, Sa.-Anh., Deutschland	82,99	11,19	5,82	1,87
4	64	Tagebau Goitsche bei Bitterfeld, Sa.-Anh., Deutschland	81,00	11,39	7,61	-
5	238	Tagebau Golpa bei Gräfenhainichen, Sa.-Anh., Deutschland	80,75	10,69	8,56	<0,3
6	209	Tagebau Lohsa, Lausitz, Brandenburg, Deutschland	80,06	11,78	8,16	<0,3
7	210	Tagebau Lohsa, Lausitz, Brandenburg, Deutschland	83,15	12,68	4,17	<0,3
8	308	Tagebau Kleinkoschen, Lausitz, Brandenburg, Deutschland	82,93	11,28	5,79	-
9	317	Tagebau Merit Pila, Borneo, Malaysia	83,79	11,41	4,80	-
10	319	Tagebau Merit Pila, Borneo, Malaysia	84,76	10,85	4,39	-

Die IRS-Kurve des Glessits lässt sich mit ähnlichen Kurven vom Harz des rezenten Doppeltgefiederten Balsambaums (*Bursera bipinnata*) aus der Familie der Balsambaumgewächse (Burseraceae)

vergleichen, obwohl das Vorkommen von alpha- und beta-Amyrin sowohl in Goitsche-Glessit als auch in Golpa-Scheibeit nahelegt, dass Glessit von Elemi-Harz (Gattung *Canarium*, Familie Burseraceae) stammt, einem Laubbaum, der wegen seines Harzgehaltes als Nutzholz gilt (Kosmowska-Ceranowicz et al. 1993).

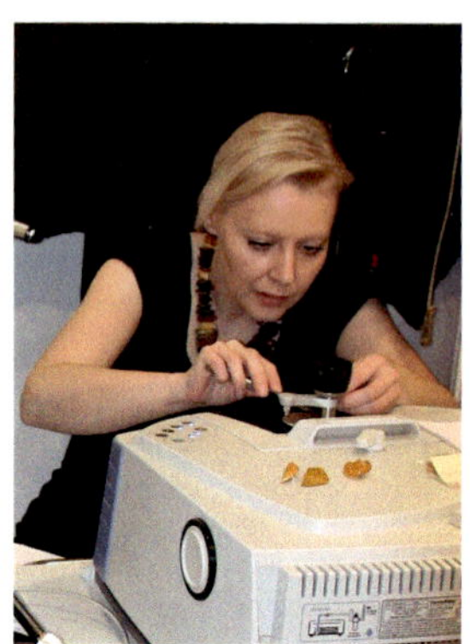

Prof. Ewa Wagner-Wysiecka von der TU Danzig bei der Analyse fossiler Harzproben aus dem Tagebau Goitsche bei Bitterfeld im Laboratorium auf der Bernsteinmesse AMBERIF in Danzig 2015. © R. Wimmer

Der Bitterfelder Glessit aus dem Tagebau Goitsche hat die Form kleiner Klümpchen und Gerölle, teils mit zarten Überbleibseln von pflanzlichem Detritus. Für gewöhnlich ist er undurchsichtig, aber manchmal auch durchscheinend. In den quartären Sedimenten, die in den Lausitzer Braunkohlentagebauen Lohsa und Burghammer aufgeschlossen waren, sowie in der oligozänen–miozänen Lagerstätte Kleinkoschen, wurde der von den Einheimischen als Lausitzer Bernstein bezeichnete Glessit auch in größeren Stücken gefunden (229 g, 710 g und 4500 g). Günter Krumbiegel unterschied fünf Varietäten des Bitterfelder Glessits: rot-braun (V1 RB), grau (V2), oliv (V3), orange (V4) und schwarz-braun (V5). Die frische Bruchfläche von gelben Varietäten ist oliv-gelb. Glessit aus Deutschland ist oft gestreift, gelb-braun bis gelb-orange mit einer dunkelbraunen verwitterten Oberfläche. Rotbraune Varietäten zeigen einen muschelig gläsernen Bruch. Auf der Oberfläche mancher Stücke befinden sich Streifen von glasartigem Harz, die mit bloßem Auge kaum zu erkennen sind (Krumbiegel 1993). Glessit ist schleifbar und gut polierbar. Die Mikrohärte wurde bei einer Probe untersucht und als dem baltischen Succinit ähnlich mit 260 MPa ermittelt.

Glessit hat eine Zeigerfunktion in quartären Lagerstätten inne, weil er die Richtung der Sedimenttransporte im Pleistozän von Sachsen-Anhalt in Richtung Lausitz anzeigt. Da er in der Bitterfelder Lagerstätte in weit größerem Umfang vorkommt als im Samland, widerspricht dies Vorstellungen über die paläogene Wiederablagerung von Succinit aus den nördlichen Lagerstätten in Sachsen-Anhalt.

Für Glessit aus dem Tagebau Goitsche wurde an der Schlesischen Universität in Katowice (Kattowitz), Polen, eine Mikrohärte von 30,9 kg/mm^2 ermittelt.

Siegburgit (natürliches Polystyrol)

Neben dem im Tagebau Goitsche abgebauten Succinit fand man unter den akzessorischen Harzen auch den sehr seltenen Siegburgit (benannt nach der Stadt Siegburg im Rheinland, Deutschland). Gegenwärtig besitzen die Museen in Warschau, Wien und Prag nur zehn Proben davon, während die Privatsammlung von G. Krumbiegel 28 Proben aus dem Tagebau Goitsche und vier Proben aus

Siegburg enthält. Im Jahr 2004 wurden bei einer Ausstellung im Kreismuseum Bitterfeld anlässlich einer Konferenz über die fossilen Harze aus der Region 30 Siegburgit-Proben aus der Privatsammlung von R. Fuhrmann aus Leipzig ausgestellt.

Elementarzusammensetzung von Siegburgit-Proben

Ort	Herkunft der Probe	% C	% H	% O
Goitsche	Tagebau Goitsche	86,19	7,41	6,40
Siegburg	Naturhistorisches Museum Wien	60,70	5,29	34,44
Siegburg	Daten von A. Lasaulx	85,14	7,90	6,96
Siegburg	Daten von A. Lasaulx	81,37	5,26	13,37

Im Zusammenhang mit der Troisburger Braunkohlenformation bei Siegburg und nach dem Fund knolliger Konkretionen in oligozänen Sandgruben wurde Siegburgit erstmals von Lasaulx 1875 beschrieben (Lasaulx 1875). Fünf Kilogramm (!) des als »brennende Steine« bezeichneten Probenmaterials wurden

Siegburgit – natürliches Polystyren. Sammlung des Museums der Erde, Warschau © M. Kazubski

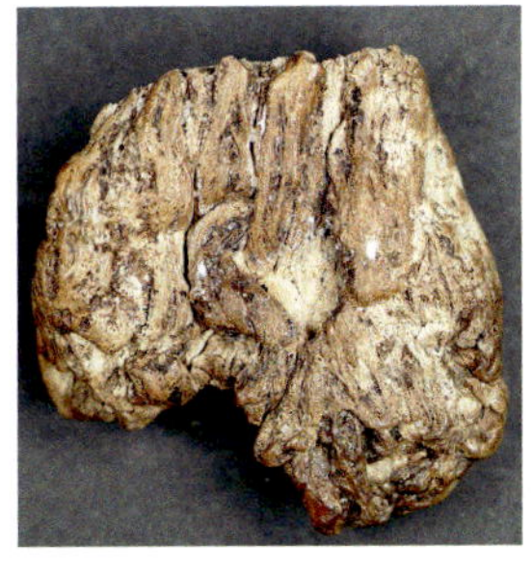

Siegburgit aus dem ehemaligen Braunkohlentagebau Goitsche bei Bitterfeld. © R. Wimmer

dafür pulverisiert. Darin war der Siegburgit das Bindemittel, das einen Anteil von 54,28 % ausmachte. Einige Jahre später isolierten Klinger und Pitschki Zimtsäure und Styren aus dem brennbaren Stein (Klinger & Pitschki 1884). Siegburgit wurde als natürliches Polystyrenharz (aus der Kohlenwasserstoff-Harzgruppe) klassifiziert. Unter den Kunststoffen ist Polystyren ein Polymer, das durch Polymerisierung von Styren hergestellt wird. Bei IRS-Untersuchungen ergibt sich ein mit Siegburgit vergleichbares

Amberbaum aus der Laubgehölzfamilie der Altingiaceae; das Harz einer Art dieser Gattung zeigt Ähnlichkeit mit Siegburgit; Blätter des Amberbaums (*Liquidambar styraciflua*) in Herbstfärbung, links mit Früchten. © A. Krumbiegel

Spektrum. Dies zeigt, dass sich natürliche Polystyrene bereits ohne jegliches menschliches Zutun entwickelt hatten, noch bevor der Mensch begann, die heute allgemein verwendeten Kunststoffe herzustellen, wie z. B. das allseits bekannte Schaumpolystyrol.

Chemische Untersuchungen ergaben, dass das Harz der Gattung Amberbaum (*Liquidambar*) zuzuschreiben ist, Laubbäumen aus der Familie der Altingiaceae (früher zu den Zaubernussgewächsen – Hamamelidaceae gestellt). Der Umstand, dass fossile Blätter und Holzreste des Europäischen Amberbaums (*Liquidambar europaeum* Brongniart) aus der Umgebung von Siegburg bekannt sind, stützt dies ebenfalls.

Siegburgit wurde auch in Nordamerika entdeckt, so in Pemberton (New Jersey) und im Staat Montana. In der atlantischen Küstenebene bei New Jersey fand man sieben Proben an sieben verschiedenen Stellen. Die IR-Kurven, die sich im Ergebnis der Untersuchungen von C. W. Beck (1930–2003) mittels Infrarotspektroskopie ergaben, wurden sehr detailliert analysiert und beschrieben (Grimaldi et al. 1989, Beck 1993).

Siegburgit aus dem Tagebau Goitsche wurde erst 1989 richtig bestimmt, obwohl er schon drei Jahre zuvor gefunden, aber fälschlicherweise als Beckerit beschrieben worden war (Kosmowska-Ceranowicz & Krumbiegel 1990b). Beckerit kommt in Form kleiner Tropfsteine, Gerölle oder unregelmäßiger, scharfkantiger, schmutzig-grauer Krümel vor. Er ist weich: an einer der größeren Proben gemessen beträgt die Mikrohärte 130 MPa. Trotzdem ist er schwer zu schneiden. Er lässt sich mit einem Hammer leicht flachdrücken, allerdings ist es schwierig, ihn für Untersuchungen aufzulösen oder zu zerbröseln. Manchmal wird seine deutlich sichtbare Fließ- oder holzartige Struktur durch dünne Faserbündel aus farblosem durchsichtigem Harz hervorgerufen, die einen Umriss aus verschiedenförmigen und unterschiedlich großen Zellen im Querschnitt zeigen.

Siegburgit brennt sehr leicht mit rußender Flamme und verströmt einen strengen, stechenden, nicht harzigen Geruch. Die Farbe der Harzbrocken variiert zwischen weiß-beige und beigebraun. Die Verwitterung ist auf der Oberfläche nur an der nachgedunkelten Farbe und den polygonalen Trockenrissen sichtbar.

Die Elementaranalyse von Siegburgitproben hat zu ziemlich unterschiedlichen Ergebnissen geführt, woraus hervorgeht, dass die Siegburgitprobe, die 1899 ins Naturhistorische Museum Wien gelangte und die für die Untersuchung verwendet wurde, stark oxydiert war, verglichen mit der Probe aus dem Tagebau Goitsche von 1986 und den Proben, die A. Lasaulx untersucht hatte.

Die Ergebnisse der Elementaranalysen von fossilen Harzen spielen für deren Identifizierung zwar keine besondere Rolle, gehören aber zum Repertoire der Standard-Untersuchungen. Einige Wissenschaftler nehmen an, dass sich in der Farbe Unterschiede in der Zusammensetzung der Proben widerspiegeln.

Die Untersuchungen von Lasaulx ergaben, dass Siegburgit nur teilweise in Ether und Alkohol löslich, aber völlig unlöslich in Terpentin ist.

Die IR-Spektren von zehn Proben paläogenen Siegburgits, fossiles Polystyren von vor Millionen Jahren, wurden mit den Kurven des seit den 1920er Jahren industriell hergestellten synthetischen Polystyrens verglichen, wobei sich eine große Ähnlichkeit zeigte. Die Interpretation von Siegburgitkurven ist nicht schwierig, beispielsweise in Hinblick auf die außergewöhnlich intensiven aromatischen Banden (um 700 cm^{-1}).

Stantienit und andere fossile Schwarzharze

Die Frage, ob schwarzer Bernstein natürlicherweise vorkommt, wird oft von Bernsteinenthusiasten gestellt, umso mehr als schwarze Edelsteine gesucht sind und viele Juweliergeschäfte schwarze Stücke aus Gagat, aber auch aus »schwarzem Bernstein« anbieten. Verkäufer erklären oder zertifizieren nicht, dass das, was sie als »schwarzen Bernstein« verkaufen, entweder Succinit ist, der nach

Das größte Stück »weichen« schwarzen fossilen Harzes (230 g), das in der Bernsteinlagerstätte von Klesow, Ukraine gefunden wurde. Sammlung des Museums der Erde, Warschau © J. Kupryjanowicz

der Pulverisierung gepresst wurde oder dass die schwarze Oberfläche Ergebnis der Behandlung im Autoklaven ist. Schwarzer Pressbernstein ist eine der interessanteren Varietäten, die unter hohem Druck und hoher Temperatur hergestellt wird, möglicherweise unter Verwendung von Ruß. Das Endprodukt, beispielsweise Platten, ist gut schleifbar und lässt sich gut polieren. Die schwarze Varietät des Bernsteins, die durch thermische Bearbeitung als schwarzer Pressbernstein künstlich hergestellt wird, behält die Eigenschaften des Naturbernsteins und ergibt für Succinit typische IR-Kurven. Bei der mikroskopischen Betrachtung von Pressbernstein ist eine breccieartige Mikrostruktur mit einer Korngröße von bis zu 260 µm erkennbar, die aus miteinander verbackener granulärer Substanz von 1 µm Korngröße besteht (Kosmowska-Ceranowicz 2005).

Bei der Vermarktung von Gagatschmuck geht der Trend in manchen Geschäften dahin, ihn als »schwarzen Bernstein« zu verkaufen, obwohl Gagat eine harzige Varietät humoser Braunkohle ist. Den Unterschied zwischen Gagat und fossilen Harzen bestätigen die völlig unterschiedlichen Kurven bei IR-Untersuchungen.

Kommen wir jedoch zurück zur Frage, ob schwarzer Bernstein in der Natur vorkommt. Es gibt völlig schwarzen Bernstein, und zwar Stantienit, der als erster gefunden und beschrieben wurde (Pieszczek 1880). Er wurde im Samland unter baltischem Bernstein entdeckt (ist jedoch keine Varietät von diesem) zusammen mit einem ähnlichen braunen Harz, dem Beckerit.

Stantienit hat eine Dichte von 1,175 g/cm^3 und ist in organischen Lösungsmitteln sehr schlecht löslich. Er enthält 3,5 % Was-

Schwarzer Bernstein: aus Bytów (Bütow), Polen (rechts) aus der Gruppe der harten schwarzen Harze, die sich so gut wie Stantienit polieren lassen, und »weicher« schwarzer Bernstein aus dem Tagebau Goitsche bei Bitterfeld, Deutschland, der nicht polierbar ist. Sammlung des Museums der Erde, Warschau
© J. Kupryjanowicz

ser und hinterlässt nach der Verbrennung im Durchschnitt 1,65 % Asche. Die Elementaranalyse ergibt folgende Zusammensetzung: C – 71,02 %, H – 8,15 %, O – 20,83 %. Stantienit hat einen muscheligen Bruch und einen glasartigen, leicht bräunlichen Glanz. Er lässt sich bei der Bearbeitung sehr gut polieren.

Stantienitproben befanden sich in der alten Königsberger, der Danziger und der Berliner Sammlung. Eine Probe hat in der Sammlung Simon, Berlin, überlebt und eine aus der Königsberger Sammlung ist in der Sammlung der Göttinger Universität ausgestellt.

Nach dem Zweiten Weltkrieg hat der Bernsteinforscher S. Sawkiewitsch eine kleine Stantienitkollektion für das Kaliningrader (Königsberger) Bernsteinmuseum zusammengetragen, die bis heute dort ausgestellt ist. Zwei kleine Stantienitproben und eine Beckeritprobe aus dem Samland (ein Geschenk des Naturkundemuseums Berlin) bildeten den Anfang einer Sammlung schwarzer fossiler Harze am Museum der Erde der Polnischen Akademie der Wissenschaften in Warschau. Heute umfasst die Sammlung zwölf Proben und kleine Musterstücke. Neben den Stantienitproben aus dem Samland (als Standard betrachtet), stammen diese Proben aus der Lagerstätte von Klesow, Ukraine, aus dem Tagebau Goitsche bei Bitterfeld, Deutschland und aus Bytów (Bütow), polnische Region Pommern.

IR-Tests an bestimmten Proben, mikroskopische Untersuchungen und die sehr unterschiedlichen Werte für die Mikrohärte, die für Schwarzharze bis Ende der 1980er Jahre ermittelt wurden, ermöglichten die Unterscheidung des Material in drei Gruppen (Kosmowska-Ceranowicz & Migaszewski 1988).

Stantienit aus der alten, heute stillgelegten Mine in Jantarny (Palmnicken) im Samland – heute in der Sammlung des Museums der Universität Göttingen. © B. Kosmowska-Ceranowicz

Neben dem typischen Stantienit aus dem Samland (Gruppe I), bei dem die Absorption der Karbonylgruppen-Banden (ca. 1 700 cm^{-1}) innerhalb des Bereichs der IR-Kurven des Succinits liegen, zeigen die anderen beiden Gruppen, sowohl das »weiche« schwarze Harz aus der Ukraine und aus Bitterfeld (Gruppe II), als auch das harte Harz mit einem höheren Kohlenstoffgehalt (C: 81–85 %) aus Bytów (Bütow) und Bitterfeld (Gruppe III) eine nur geringe Absorptionsintensität, was typischer für Glessit ist. Das weiche Harz hat eine Mikrohärte von 60–80 MPa, das harte eine von 210–240 MPa. Die Mikrohärte der beiden Stantienitproben aus dem Samland beträgt 230 und 240 MPa. Zum Vergleich, Gagat hat wie natürlicher Succinit eine Mikrohärte von 290 MPa. Die Mikrohärte von Pressbernstein ist wiederum mit 270 MPa geringer. Das härteste Stück Schwarzharz aus dem Tagebau Goitsche besitzt einen außergewöhnlich starken Glanz und ist samtschwarz. Allerdings ähnelt sein IR-Spektrum nicht dem einer typischen Stantienitkurve, sondern dem der Probe aus Bytów (Bütow). Das Harz aus Bytów hat schwarze Streifen und einen frischen Glanz auf der polierten Oberfläche. Die weichen Harze sowohl aus der Ukraine (Lagerstätte Klesow) als auch aus Bitterfeld (Tagebau Goitsche) haben einen matten Glanz und einen dunkelgrau-braunen Anflug.

Józef Haczewski versuchte den Ursprung der schwarzen Farbe des Bernsteins zu erklären, indem er 1838 formulierte: »sie muss von der Vermischung [des Harzes] mit Rauch von einem Feuer herrühren, das zufällig unter dem Baum ausbrach, als das Harz noch flüssig war« (Haczewski 1838). Feuer und gelegentlich ein Blitz, was die extreme Seltenheit zusätzlich rechtfertigen würde, werden nicht nur als Grund für die Entstehung von Stantienit in der Fachliteratur angegeben, sondern kamen auch in der Diskussion über die schwarze Farbe fossiler Harze auf. Beispielsweise ist bekannt, dass Krantzit beim Abbrennen eine schöne schwarze Farbe annimmt. Der Grund für die Entstehung schwarzer Harze muss eher in Veränderungen während eines frühen Stadiums der Polymerisation gesucht werden als bei bestimmten Baumarten.

Stantienit und andere fossile Schwarzharze wurden bisher selten gefunden, dennoch würde ein Schmuckstück mit einem so einzigartigen Stein die Anforderungen aller Experten erfüllen.

Beckerit

Beckerit aus dem ehemaligen Tagebau Goitsche bei Bitterfeld, Deutschland, 30 g, 7 cm Durchmesser aus der Sammlung von Günter Krumbiegel. © G. Krumbiegel

Ursprünglich als brauner Bernstein bezeichnet kommt Beckerit, der erstmals von Pieszczek (Pieszczek 1880) beschrieben wurde, ebenso wie Stantienit im Samland praktisch nicht mehr vor.

In den 1990er Jahren fand Günter Krumbiegel diese fossile Harzart im Tagebau Goitsche und beschrieb Proben, die mit dem samländischen Beckerit vergleichbar sind (Krumbiegel 1999). IR-Untersuchungen durch die Autorin ermöglichten die Bestimmung von acht Proben.

Goitschit

Goitschit ist ein akzessorisches Harz, das von R. Fuhrmann im Tagebau Goitsche, Sachsen-Anhalt, Deutschland entdeckt wurde. Über viele Jahre war es unzugänglich, da sowohl seine Beschreibung als auch die undeutliche IR-Kurve aus der Veröffentlichung von 1986 nicht den Anforderungen an einen Standard entsprachen (Fuhrmann & Borsdorf 1986). Daher erschienen in der Fachliteratur Schlussfolgerungen – wie immer, wenn falsch bestimmtes Material untersucht wird –, die auf der Untersuchung von untypischem Succinit beruhten und nicht, wie der Autor dachte, auf Goitschit. Erst 2004 stellte Fuhrmann seine private Sammlung akzessorischer Harze vor und schenkte freundlicherweise der Autorin vier kleine Proben zur Untersuchung. Dadurch zeigte sich, dass es sich tatächlich um eine neue fossile Harzart handelt, die entsprechend benannt werden kann.

Goitschit aus dem ehemaligen Tagebau Goitsche bei Bitterfeld ist extrem selten und daher kaum in Museen vertreten. Sammlung des Museums der Erde, Warschau © B. Kosmowska-Ceranowicz

Goitschit ist ein farbloses oder weißes Harz, das zwar wissenschaftlich sehr interessant, aber nicht optisch attraktiv ist. Es besitzt Ähnlichkeit mit Wachs oder sogar Stearin und hat eine spezifische IR-Kurve (Krumbiegel & Kosmowska-Ceranowicz 2007). Genauere Untersuchungen zum Chemismus beruhen auf Gaschromatografie mit Massenspektroskopie-Kopplung (Wagner-Wysiecka & Ragazzi 2011). Die im Goitschit aus den löslichen Bestandteilen des Harzes (molekulare Phase) nachgewiesenen Substanzen deuten auf genetische Ähnlichkeiten mit Glessit.

Die fossilen Harze Europas

Französischer Bernstein

Die in Frankreich vorkommenden kreidezeitlichen fossilen Harze wurden mehrfach beschrieben. Im Jahr 2007 erschien eine Mitteilung von Nel und De Ploëg über ein neues fossiles Harz aus der Picardie im Pariser Becken (Nel & De Ploëg 2007). In den Jahren 1996–1997 an der Oise (nördlich Paris) entdeckt, kommt französischer Bernstein in terrestrischen Sedimenten vor, die basierend auf Säugetierresten ins unterste Eozän (55–53 Mio. Jahre) datiert werden. Die gut erhaltene Flora legt nahe, dass es sich um eine primäre Lagerstätte handelt. Beruhend auf IRS-Tests und Holzuntersuchungen gehört die Mutterpflanze zur Gattung Animebaum (*Hymenaea*) aus der Familie der Schmetterlingsblütengewächse (Leguminosae), die aus der Dominikanischen Republik und Mexiko bekannt ist. Zweihundert neue Inklusentypen wurden darin gefunden, die zu 40 Familien und 21 Ordnungen gehören. Die Schlussfolgerung war, dass dank des Nachweises von Gruppen, die in anderen Harzen nur selten vorkommen, die Lücken unter den bisher nur selten gefundenen westpaläarktischen Fossilien des untersten Eozäns geschlossen werden konnten.

Die Ausdehnung der Lagerstätte ähnelt der des baltischen Bernsteins. Trotzdem waren die Bedingungen und das Milieu der Lagerstätten völlig verschieden. Der Oise-Bernstein kommt in einer pri-

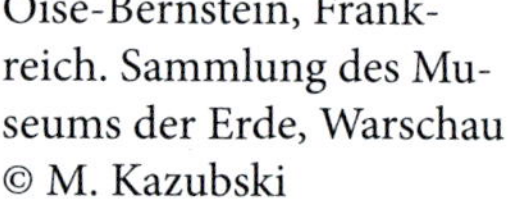

Oise-Bernstein, Frankreich. Sammlung des Museums der Erde, Warschau © M. Kazubski

mären Lagerstätte vor, d.h. er hat sich während seiner gesamten Entwicklung nie in einer marinen Umwelt befunden. Er liefert hervorragendes Vergleichsmaterial zur Ermittlung der deutlichen Unterschiede zwischen ihm und anderen Harzarten, wobei die Stücke selbst dem baltischen Bernstein sehr ähnlich sind.

Das Bild des IR-Spektrums entspricht den Kurven, die die fossilen Harze aus kreidezeitlichen Lagerstätten in Frankreich zeigen, welche ebenfalls in der Sammlung des Museums der Erde vertreten sind, und zwar kreidezeitlicher Retinit aus Morú (Geschenk von Colette du Gardin) und fossiles Harz aus der mittleren Kreide aus Durtal Maine, Chambiers (Geschenk von Andrzej Skalski).

Alava-Bernstein (Spanien)

In der Stadt Peñacerrada, Baskenland wurde 1995 ein Aufschluss von fossilem Harz in Sandstein und schwarzem Ton aus der unteren Kreide (Aptium) mit reichlich pflanzlichen Beimengungen entdeckt. Peñacerrada befindet sich im Südteil des Kantabrischen Gebirges. Früher war dies eine tektonisch sehr aktive Gegend, was am Aussehen der tierischen Inklusen deutlich wird, während das Harz erkennbar klar und stark rissig ist. Das Fehlen bestimmter Banden (880, 1640 cm^{-1}) in IR-Spektren weist auf einen hohen Reifegrad des Harzes hin und verdeutlicht die geologische Genese des Muttergesteins.

Alava-Bernstein aus unterkreidezeitlichem Sandstein und schwarzem Tonstein (Aptium) aus Peñacerrada, Baskenland, Spanien. © M. Kazubski

Das Harz lässt sich gut polieren und ist nicht so spröde, wie es bei alten kreidezeitlichen Harzen der Fall ist. Seine Inklusen erinnern an jene, die beim Autoklavieren von baltischem Bernstein entstehen. Man nimmt an, dass der Alava-Bernstein dem baltischen Bernstein ähnlich ist, trotz der Tatsache, dass nur Abbauprodukte von Diterpenen darin gefunden wurden. Als Ursache für die Unterschiede kommt das unterschiedliche Alter der Harze infrage.

Einige Jahre später wurde ein dritter Aufschluss in Sallinas de Burdon im Gebiet der Alava-Bernsteinvorkommen gefunden. Zwar berichtete die Presse 2008 darüber, allerdings war der Fund von El Soplao keine große Überraschung, denn, wie bereits zuvor berichtet wurde, ist spanischer Bernstein in Provinzen mit weißem kreidezeitlichem Sand weit verbreitet. Gegenwärtig wird auch Material aus dem Aufschluss von San Just, Provinz Teruel untersucht. Die Fauna von San Just umfasst dieselben Arthropodengattungen, die auch im Alava-Bernstein gefunden wurden.

Ajkait

Im Südteil des Bakony-Gebirges, Ungarn, kommen in der Stadt Ajka fossile Harze in Braunkohle und Tonstein vor. Ajkait wurde 1871 in Sedimenten aus der Oberkreide (90–80 Mio. Jahre) entdeckt und beschrieben (Szabo 1871). Die Stücke sind unterschiedlich groß. Die größten von mehr als 10 cm werden im Bergbaumuseum in Ajka und in Museen in Miskolc und Budapest aufbewahrt. Ajkait enthält keine Bernsteinsäure, während der Schwefelgehalt bis 1,5 % betragen kann. Kleine Ajkaitstücke finden sich auf den Abraumhalden der Kohlegrube bei Padragkút. Ajkait ist ein sehr sprödes Harz, für gewöhnlich hellgelb und wird bei der Verwitterung, ähnlich wie Gedanit, von einer weißlichen, matten Schicht überzogen.

Die IR-Kurven von Ajkait sind meist identisch mit denen von Valchovit und ähneln denen des sog. Kaukasischen Kopalits aus armenischen Oberkreide-Sedimenten.

Nach Körmendy & Neuwald (1997) tritt fossiles Harz auch in der ungarischen pliozän-pleistozänen Braunkohle von Visonta-Detk-Bükkábrány, in miozäner Braunkohle der Várpalota Kohlegrube und in eozän-oligozäner Braunkohle von Dudar im Kreis Veszprém auf.

Rumänit

Rumänit kommt in den neogenen Sedimenten des karpatischen Flyschs vor, vor allem in den rumänischen Ost- und Südkarpaten von der Bukowina im Norden bis zum Fluss Ialomiţs im Süden, am häufigsten in den Kreisen Buzău und Prahova.

Nach Otto Helm, der dieses Harz 1881 als erster untersuchte, benannte und beschrieb (Helm 1881b), enthält Rumänit 3,2 % Bernsteinsäure, während andere Wissenschaftler den Wert mit 5,2 % angeben. Dieser Befund führte dazu, Rumänit in der Fachliteratur zur Succinit-Gruppe zu stellen. Trotzdem lassen sich Unterschiede zwischen den Harzen nachweisen. So ergeben gaschromatografische Untersuchungen unterschiedliche Ergebnisse, wie auch IR-Tests zu unterschiedlichen Kurven führen. Sawkiewitsch glaubt, dass Rumänit das letzte Glied bei der Polymerisation von Succinit ist, der zusammen mit seinem Muttergestein Teil der Orogenese ist. Ein Vergleich zwischen IR-Untersuchungen von Rumänit und bestimmten fossilen Harzen der Retinit-Gruppe gab Anlass für eine andere Hypothese, die von der Autorin 1999 aufgestellt wurde. Danach ist Rumänit, der in immer mehr Gegenden

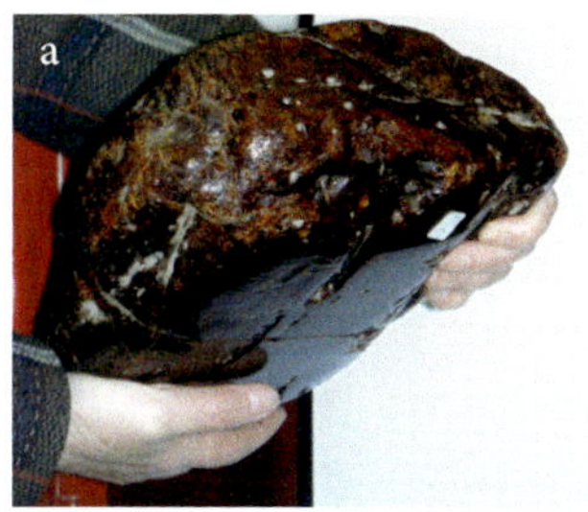

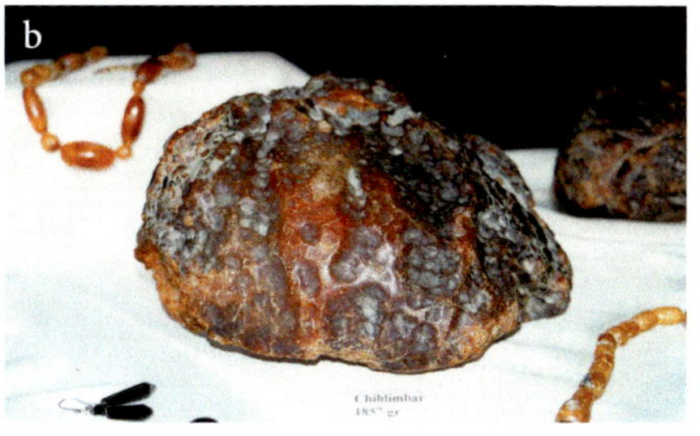

Rumänit: a) das größte Stück Rumänit (3 204 g) aus den rumänischen Karpaten. Sammlung des Museums Buzău, Rumänien © I. Puźniak; b) Rumänit-Stück (1 957 g) aus unteroligozänen Sedimenten auf einer Ausstellung im Bernsteinmuseum Colţi, Rumänien. © B. Kosmowska-Ceranowicz

entdeckt wird, hinsichtlich der Orogenese das Ergebnis der Umwandlung von Retinit des Rumänit-Typs. Die Paläogeografie stützt diese Hypothese ebenfalls: die Gebiete, aus denen diese Retinite bekannt sind, befinden sich näher an Orten, wo Rumänit auftritt, als jene, wo Succinit vorkommt (Kosmowka-Ceranowicz 1999). Ähnliche Schlussfolgerungen zogen die amerikanischen Wissenschaftler Stout et al. (2000) im Ergebnis ihrer Untersuchungen mit modernsten Methoden.

Delatynit, eines der sogenannten Karpatenharze, gehört nach IR-Tests zur Gruppe der Rumänite. Der Name wurde von J. Niedźwiedzki zu einer Zeit vergeben, als die Region Galizien zu Österreichisch-Ungarn gehörte. Das Exemplar wird bis heute mit den Originaletiketten im Naturhistorischen Museum in Wien aufbewahrt. Foto mit freundlicher Genehmigung der Kuratorin der Mineraliensammlung Dr. Vera Hammer © V. Hammer

Die typischste Farbe von Rumänit ist dunkelrot. Darüber hinaus existieren mehr als 160 Farbvarietäten von Rumänit, wozu marineblau bis granatrot, rubinrot und braun gehören. Grüne, grünliche und bläuliche Varietäten mit auffallender Fluoreszenz sind teurer als baltischer Bernstein. Rumänit ist unterschiedlich transparent. Wie beim baltischen Bernstein gibt es beim Rumänit sowohl transparente als auch völlig undurchsichtige wolkige, schaumige Varietäten. Der Glanz von natürlichem Rumänit ist besonders hübsch: er kann perlmuttartig rot oder grün reflektieren, glasartig und fettig aussehen. Der Preis der perlmuttartigen Varietät ist mehr als dreimal so hoch wie der der anderen Varietäten.

Rumänit ist zu 17,4 % in Chloroform und zu 22,27 % in Schwefelkohlenstoff löslich.

In Rumänien sind die fossilen Harze an kreidezeitliche (144–65 Mio. Jahre) und tertiäre Sedimente gebunden, sowohl an eozäne (55 – 32,5 Mio. Jahre) Sedimente als auch an oligozänen Flysch (32,5 – 23,0 Mio. Jahre), wo die meisten Rumänitlagerstätten entdeckt wurden. In den oligozänen Lagerstätten tritt Rumänit für gewöhnlich im unteren Teil von grau-schwarzem mergeligem Kliwa-Sandstein mit dünnen Zwischenmitteln aus kohlehaltigem bituminösem Schiefer bei Buzău und Vrancea auf. Die Mächtigkeit des Sandsteins, der möglicherweise in einer Lagune oder in einem Delta entstand, schwankt zwischen 0,2 – 1,4 m. Im Sandstein sind auch verkieselte Holzstücke enthalten.

Harzname	**Ort**	**C**	**H**	**O**	**S**	**Bernsteinsäure**	**Schmelzpunkt**
Rumänit	Buzău, Rumänien	83,29	10,77	4,48	0,93	3,5; 5,5	358 – 375
Schraufit	Vama, Suceava, Rumänien	73,81	8,82	17,37	1,87	Spuren	326
Delatynit	Delatyn, Ukraine	79,93	10,03	10,04	–	0,74; 1,67	
fossiles Harz	Trepcza, Polen	75,75	9,56	12,45	2,24	nicht untersucht	
Rumänit	Sachalin*, Russland	78,57	9,76	11,67	–	nicht untersucht	

Elementarzusammensetzung und Gehalt an Bernsteinsäure unterschiedlicher Rumänitproben (in Prozent) sowie Schmelzpunkt (in °C); (* nach TROFIMOV 1974, Probe vom Fluss Onenaya)

Nach dem rumänischen Wissenschaftler GHIURCA (1990) und GHIURCA & VÁVRA (1990) enthält der Colți-Rumänit beispielsweise Stücke der Nadelbaumart *Sequioxylon gypsaceum* (GOEPPERT) GREGUSS aus der Familie der Sumpfzypressengewächse (Taxodiaceae), die den heutigen Küstenmammutbäumen (*Sequoia sempervirens*) der warm temperaten Gebiete an der amerikanischen Pazifikküste ähneln. Pollen von Ulmen (*Ulmus*) und Bäumen aus der Familie der Schmetterlingsblütengewächse (Leguminosae) wurden ebenfalls im Rumänit gefunden.

Rumänitabbau im Tiefbau (Flözstrecken) ist aus den Gegenden von Buzău und Ploești, aus Colți, Sibiciu, Mlăjet und anderen Orten bekannt. In Colți wird Rumänit schon seit 1828 abgebaut. Ein Stück von 2,5 kg ist im Museum in Colți zu besichtigen, während eines der weltweit größten Rumänitstücke mit einer Masse von 3 204 g im Museum in Buzău aufbewahrt wird (NEACSU 2010).

Die Flöze von Colţi reichten bis in eine Tiefe von 120 m. An ihnen arbeiteten zehn bis zwölf Arbeiter ca. zehn Stunden am Tag. Die maximale Ausbeute betrug 3 kg/m³ bei durchschnittlich etwas mehr als 1 kg/m³ (WOLLMANN 1996). Die Abbauzahlen im Gebiet von Buzău schwanken (zwischen 1895 und 1936 unvollständig) und betragen beispielsweise 9,2 kg im Jahr 1934.

Die Ausbeute von 230 kg im Jahr 1925 kam aus einem Gebiet von 673 ha, während dort 1926 nur 140 kg gewonnen wurden. In den besten Zeiten betrug die jährliche Förderung 500 kg Rumänit. Er diente in Rumänien und Wien zur Herstellung von herrlich seidiger Politur und auch für Zigarettenspitzen und andere Luxus- und Gebrauchsgegenstände. So manche Raucherutensilien wurden aus Rumänit mit dem dichtesten Netz aus Rissen und Kratzern hergestellt, da durch dieses beim Polieren ein goldener Glanz entsteht. Im Bernsteinmuseum von Colţi sind Rumänitstücke und eine hölzerne, fußbetriebene, einst zur Herstellung von Rumänitgegenständen verwendete Werkbank ausgestellt.

Der Grand Prix der Internationalen Messe für Kunstgegenstände 1921 in Bukarest ging an Dumitru Grigorescu, der Rumänit sowohl abbaute als auch verarbeitete.

Bis 1937 waren bereits 360 Fundstellen fossiler Harze in Rumänien erwähnt worden. In den Karpaten gibt es fossile Harze (manche mit Mineralnamen), die sich anhand von IR-Untersuchungen der Rumänit-Gruppe oder der Gruppe von Retiniten aus der Rumänit-Gruppe zuordnen lassen:

- aus der Stadt Vama, Region Bukowina, Rumänien – Schraufit (beschrieben von v. SCHRÖCKINGER 1875);
- aus Delatyn oder Myshyn in den Karpaten, heute Ukraine, von dem polnischen Wissenschaftler J. Niedźwiedzki 1908 in bituminösem Tonschiefer der oligozänen Menilitschiefer-Gruppe – Delatynit (NIEDŹWIEDZKI 1908);
- fossiles Harz aus Trepcza bei Sanok, Polen, aus kreidezeitlichem Flyschgestein (KOSMOWSKA-CERANOWICZ 1986);
- aus Piatra Neamt, Rumänien, Almashit (erstmals von MURGOCI 1902 beschrieben) wird fälschlich zusammen mit fossilen Harzen aus den Karpaten genannt – ist Gagat, d. h. eine Varietät von Humus-Braunkohle.

Türkischer Rumänit

Im Jahr 2009 wurde das erste türkische fossile Harz in den jungen Gebirgen des Landes gefunden. Die Proben erwiesen sich bei der

Rumänit wurde in der Türkei zuerst in Grauwackegestein von Tayfun Başer gefunden. Sammlung des Museums der Erde, Warschau © B. Kosmowska-Ceranowicz (oben) © M. Kazubski (rechts)

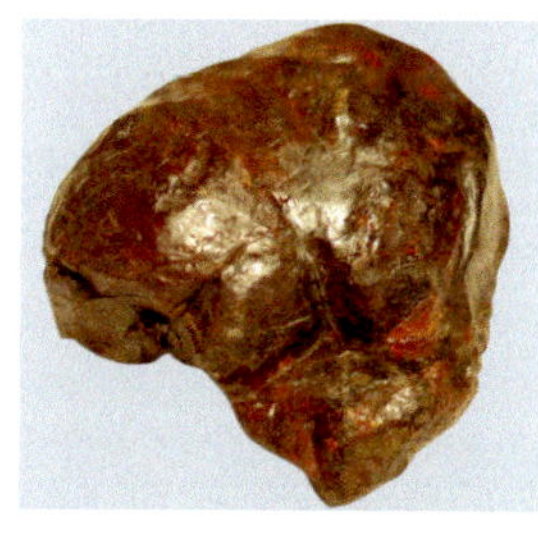

Das größte Stück türkischer Rumänit (174 g), heute im Hunterian Museum, Glasgow. © M. Kosior

Untersuchung mit Infrarotspektroskopie am Museum der Erde anhand der Spektra als typische fossile Harze der Rumänit-Gruppe. Der türkische Rumänit, wie ihn Tayfun Başer, der Entdecker dieses »Bernsteins«, beschrieb, wurde in einer Höhe von ca. 1600 Metern in den Köroğlu-Bergen im Pontischen Gebirge gefunden. Der Aufschluss des fossilen Harzes liegt nahe der Stadt Bolu. Es ist eine Zone junger Gebirgsfaltung mit einem sich darüber hinweg erstreckenden vulkanisch aktiven Gebiet (Kosmowska-Ceranowicz 2010a).

Hinsichtlich der Zusammensetzung des Muttergesteins von Rumänit fand die Autorin Minerale und Geröllablagerungen, die nur geringfügig abgerollt waren: Quarz, Silikatgestein, Karbonatgestein, Feldspat, Kalzit, Glaukonit, organische Substanz, vulkanisches und kristallines Gestein, einzelne Glimmerplättchen; matrixartiges Bindemittel. Die Schichtung ist makroskopisch sichtbar, mit einer Schicht, die von verkohlter organischer Substanz unterlagert ist. Das Gestein wurde als feinkörniger, aber schlecht sortierter Grauwackesandstein identifiziert, oder einfach als Grauwacke. Grauwacke ist ein Sedimentgestein, typisch für geosynklinale Sedimentation und entsteht aus zerbröckeltem älterem Gesteinsmaterial, das nicht über weite Strecken transportiert wurde, sondern sich stattdessen im Meer angesammelt hat, ohne Sortierung oder Glättung. Ähnlicher Sandstein kommt auch im polnischen Karpatenflysch vor.

Die fossilen Harze Asiens

Eine Karte der Vorkommen fossiler Harze in ganz Asien von ZHERIKHIN et al. (2005) zeigt die Verbreitung auf diesem Kontinent am besten.

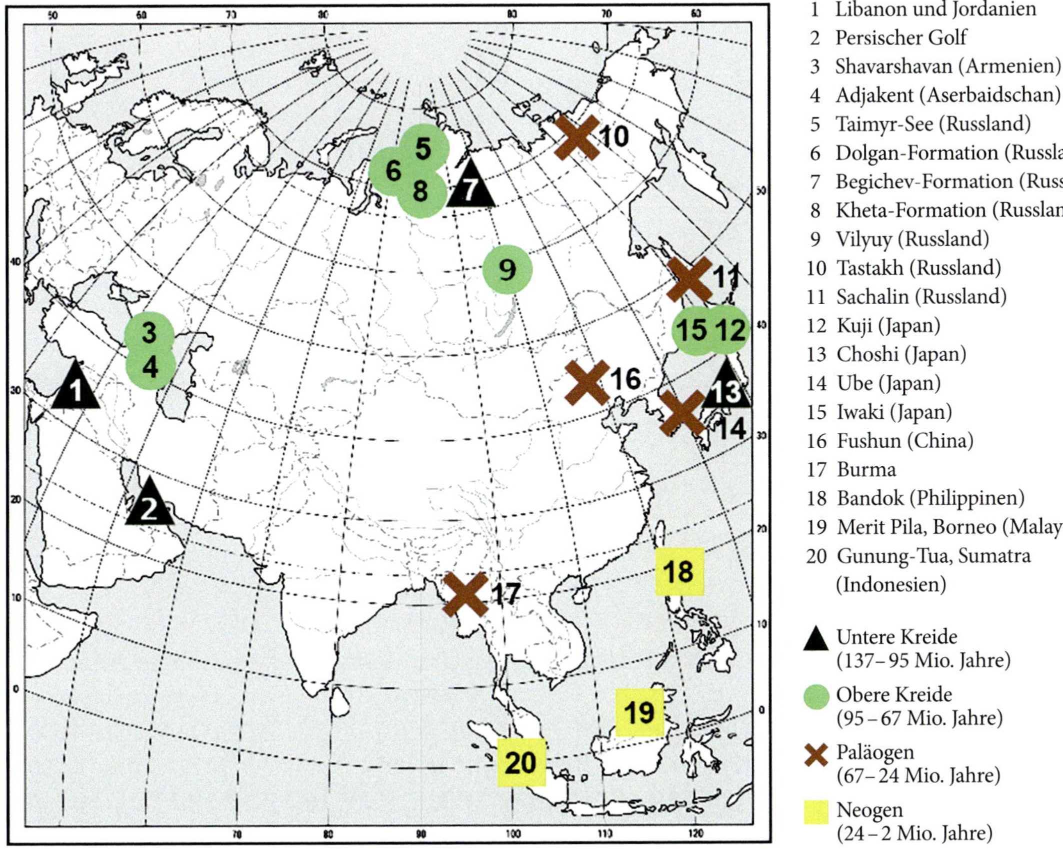

Fossile Harze aus Russland

Kaum jemandem ist geläufig, dass neben der weltgrößten im Abbau befindlichen Succinitlagerstätte im Samland auch im asiatischen Teil Russlands einschließlich der früher zur Sowjetunion gehörenden Gebiete weitere fossile Harze von großer wissenschaftlicher Bedeutung vorkommen. Eine umfangreiche Sammlung dieser Harze befindet sich im Paläontologischen Institut der Russischen Akademie der Wissenschaften in Moskau. Kleine Proben wurden der

Rumänit von Sachalin ist außergewöhnlich hübsch und verhält sich bei der Bearbeitung ähnlich wie rumänischer Rumänit; er stammt aus dem oberen Paläozän – unteren Oligozän. Sammlung des Museums der Erde, Warschau © M. Kazubski

Rechts: Von V. V. Zherikhin entdeckter und bestimmter Kaukasischer Rumänit. Sammlung des Museums der Erde, Warschau © M. Kazubski

Warschauer Bernsteinsammlung am Museum der Erde und dem Bernsteinmuseum in Kaliningrad (Königsberg) zur Verfügung gestellt. Sie sind nicht nur für paläoentomologische Untersuchungen wertvolles Vergleichsmaterial, sondern auch bei der Untersuchung der Eigenschaften der fossilen Harze der Erde. Kreidezeitliche Harze aus dem Taimyr-Gebiet sind besonders reich an Inklusen.

Der Rumänit von Sachalin wurde am Ochotskischen Meer, bei Starodubskoye in Form feiner Naturformen, Gerölle oder zerborstener flacher Scheiben gefunden. Im Jahr 1991 entdeckten russische Wissenschaftler aus Moskau auf einer Expedition diesen Bernstein in situ am Oberlauf des Flusses Nayba bei Bykov in Kohleflözen der Due-Formation (unteres Paläozän). Darüber hinaus besitzt das Paläontologische Institut der Russischen Akademie der Wissenschaften weitere Harzarten, in denen bis jetzt noch keine Inklusen gefunden wurden, beispielsweise Harze aus dem oberen Jura aus Gorchu, Georgien und Harz aus der unteren Kreide aus Stoylo, Oblast Belgorod. Das Institut hat auch kaukasischen Rumänit, der von V. V. Zherikhin auf einer seiner zahlreichen Expeditionsreisen in den 1970er Jahren entdeckt und benannt wurde. Harze wurden auch in den kreidezeitlichen Sedimenten (Coniacium) am Fluss Chay, Aserbaidschan gesammelt.

Bernstein aus Burma (Myanmar)

Bernsteinkunsthandwerker assoziieren bei chinesischen Bernsteinskulpturen Buddhafiguren, während Bernsteinforscher dabei Bur-

Bernsteingewinnung im Kachin-Staat, Burma / Myanmar. © P. Maliszczak

mit vor Augen haben, ein fossiles Harz, das 1894 von Otto Helm beschrieben wurde (HELM 1894). Die Probe, die er für seine Untersuchung verwendete, kam aus der Stadt Maingkwan in Oberburma, nördlich Mogaung. Auf einer britischen Karte von Burma, die nach dem Zweiten Weltkrieg erschien, befindet sich eine Beschriftung »Bernsteinminen« direkt neben dem Namen dieser Stadt. Wie Helm selbst schrieb, »florierte in Mandalay, Burmas Hauptstadt, die Bernsteinindustrie; Perlen, Ohrringe, Gebetsketten und Zigarettenspitzen wurden hergestellt«. Heute wird u. a. im Bundesstaat Kachin eine neu entdeckte reiche Lagerstätte ausgebeutet.

Die Eigenschaften von Burmit (nach HELM 1894):

- Elementarzusammensetzung: C – 80,05%; H – 11,5%; O – 8,43%; S – 0,02%,
- Dichte: 1,03 – 1,095 g/cm^3,
- Löslichkeit: 5 – 6,8% in Alkohol, 2,4 – 4,2% in Ether, 1,8% in Chloroform, 18,5% in Terpentinöl,
- Härte: 2,5 – 3 nach Mohsscher Skala (etwas härter als Succinit),
- Fluoreszenz: unterschiedlich intensiv, mit blauem Schein.

Helm fand im Burmit keine Bernsteinsäure.

Tests an frischen Burmitproben aus der Sammlung von Janusz Fudala (innerhalb der Warschauer Bernsteinsammlung – Herkunft: Hukawngtal-Mine nahe Maingkwan, neue Lagerstätte im Kachin-Staat) haben die bereits seit langem in der Fachliteratur geäußerten Vermutungen bestätigt, dass es sich um ein Harz aus der Rumänit-

Burmit, ein organisches Mineral aus der Rumänit-Gruppe. Sammlung des Museums der Erde, Warschau © M. Kazubski

Gruppe handelt. Deshalb lässt sich bei Untersuchungen an Burmit unbekannter Herkunft nicht ermitteln, ob eine Probe aus Burma oder beispielsweise aus Rumänien stammt. Das IR-Spektrum gibt nur Auskunft über die Harzart – Rumänit. Die Untersuchungen an Burmit müssen fortgesetzt werden, und zwar so lange, bis entweder das Vorhandensein oder das Fehlen von Bernsteinsäure in Rumänit bestätigt wird.

Der gegenwärtig abgebaute Burmit wird von amerikanischen Paläoentomologen und kanadischen Bernsteinkunsthandwerkern gekauft, die daraus kleine Schmuckartikel herstellen. Jüngsten Untersuchungen der organischen Inklusen zufolge stammt das Harz wahrscheinlich aus der Kreide (Turonium – Cenomanium, 100 – 90 Mio. Jahre) (Grimaldi et al. 2002), obwohl andere Wissen-

Privates Bernsteinmuseum von Emmy Kuster in Bad Füssing. © A. Krumbiegel

schaftler an der Theorie festhalten, dass das Muttergestein des Burmits aus dem Tertiär stammt.

Im Privatmuseum von Emmy Kuster in Bad Füssing, Deutschland, sind zwei Ohrstecker aus Burma ausgestellt, ein dunkelgelber und ein gelber in der Form eines gespitzten Bleistifts von ca. 7,5 cm Länge, die in einem Loch des Ohrläppchens getragen werden. Das Museum besitzt u. a. eine chinesische Buddhaskulptur und drei Perlen aus »Chinesischem Bernstein«, auch als Rumänit bezeichnet. 1975 wurden in einem chinesischen Geschäft in Warschau Perlen aus gepresstem Burmit angeboten. Sowohl Figuren aus natürlichem als auch Perlen aus gepresstem Burmit zeigen ähnliche Eigenschaften wie Succinit, d. h. sie sind leicht bearbeitbar und beständig (Kazubski 2016). Auf polierten Oberflächen erscheint der Verwitterungsprozess anfänglich nur als Änderung der Farbe, die durch den Einfluss von Luft, Licht und Feuchtigkeit dunkler und dabei rot wird und Brauntöne annimmt. Die Bearbeitung von Burmit ist schwierig. Ähnlich wie Harze aus der Rumänit-Gruppe unterlag auch Burmit, wie die Sedimente, in denen er abgelagert wurde, Veränderungen während der Hebung der Gebirgskette unter dem Einfluss von Temperatur- und Druckerhöhung. Das ist die Ursache für seine gewöhnlich stärkere interne Rissbildung, die er neben der größeren Härte gegenüber Succinit zeigt. Dies könnte die Ursache dafür sein, dass sich die Verwendung von gepresstem und behandeltem Burmit möglicherweise in China entwickelt hat.

Dunkelgelber Ohrstecker aus burmesischem Bernstein, Länge ca. 7,5 cm. Bernsteinmuseum Bad Füssing © A. Krumbiegel

Japanischer Bernstein

Während japanischer Bernstein von archäologischen Ausgrabungen in Form von Gegenständen bekannt ist, kommt er an unterschiedlichen Stellen in Japan auch als Rohmaterial vor. Er ist in Sedimenten der Unter- und Oberkreide und des Oligozäns vertreten, während er in Mizunami ebenso in miozänen, pliozänen und pleistozänen Sedimenten auftritt.

Radiokarbondatierungen (^{14}C) ergaben, dass der jüngste Kopal von Mizunami vor ca. 33 000 Jahren entstanden ist. Einige IR-Kurven, vor allem der paläogenen Harze aus Iwazumi, ähneln stark denen von Rumänit aus Sachalin. Die Kurven des kreidezeitlichen Harzes aus der Kuji-Region, wo die größten Mengen vorkommen, erinnern stärker an die Kurven des rumänischen Rumänits und des Schraufits.

Japanischer Bernstein aus Sedimenten der Oberkreide von Okawame, Kuji, Masse 132,1 g – die frische Bruchfläche zeigt eine farbenprächtige durchsichtige Varietät. Sammlung des Museums der Erde, Warschau © M. Kazubski

Indonesischer Glessit (200 g) einer einmaligen Mischvarietät und Struktur, die für das bloße Auge kaum sichtbar ist. Geschenk von Danuta Feręc © M. Kazubski

Rechts: Nahaufnahme eines Bruchstücks mit Glessittropfen in Glessit. © M. Kazubski

Glessit aus Malaysia und Indonesien

Die einzelnen Proben, die vor ca. 30 Jahren aus Sumatra nach Polen kamen, hatten die Entdeckung bisher unbekannter Strukturen und Mineralien zur Folge. Die Untersuchungen deutscher Wissenschaftler an diesem als Borneo-Bernstein bezeichneten Harz führten 1992 zu interessanten Schlussfolgerungen (Hillmer et al. 1992). Borneo, Sumatra und andere Inseln in ihrer Umgebung können heute als geologisch ziemlich ruhiges Gebiet betrachtet werden. Allerdings ist das Vorhandensein von zahlreichen Lavaplateaus, Diabas und Tuff in diesen Gegenden Beweis für bedeutende vulkanische Tätigkeit in der Vergangenheit, die beispielsweise eine Voraussetzung für viele miozäne Braunkohlenlagerstätten an der Grenze zu Steinkohle waren. Vulkanische Aktivitäten hatten Einfluss auf die bemerkenswert reichliche Harzproduktion der Dipterocarpaceen-Bäume und bewirkten die einmalige interessante innere Struktur des Harzes. Dies ergaben zuerst vorläufige Untersuchungen der Autorin im Jahr 2013 (Kosmowska-Ceranowicz 2013) und etwas später Ergebnisse eines Dreierteams von Wissenschaftlern (Kosmowska-Ceranowicz et al. 2014 [2016]). Heute steht außer Zweifel, dass üppige Harzproduktion die Folge vulkanischer Aktivität ist. Details zu diesem Sachverhalt tauchten in der Literatur schon im späten 19. Jahrhundert auf. Hanna Czeczott stützte diese Hypothese in den 1960er Jahren mit ihren Schlussfolgerungen aus dem Vorkommen von vulkanischen Ascheschichten in Sedimenten im nördlichen Dänemark. Diese hatten sehr wahrscheinlich vor ihrer Ablagerung zu verminderter Sonneneinstrahlung geführt, was wiederum die Assimilation der Pflanzen beeinträchtigt haben musste.

Die Glessitsammlung aus Ostasien im Museum der Erde in Warschau wurde zusammen mit den Mineralogen Prof. Michał Sa-

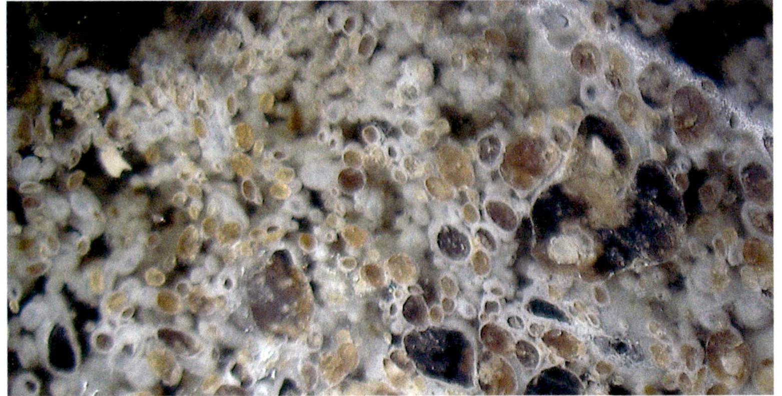

Links: Die Struktur der schmutzig-weißen Varietät unter digitalem optischem Mikroskop (3D Hirox KH 8700). © M. Kazubski

Rechts: Dieselbe Struktur unter dem Nikon Stereomikroskop. © Museum der Erde Warschau

chanbiński und Dr. Barbara Łydżba-Kopczyńska untersucht (Kosmowska-Ceranowicz et al. 2014 [2016]). Die dabei verwendeten Methoden umfassten IR-Spektroskopie, Raman-Spektroskopie und röntgenspektroskopische Mirkroelementaranalyse (REM).

Die untersuchten rot-weißen Mischvarietäten erwiesen sich als die interessantesten, wobei auch durchsichtige farblose und hellgelbe Varietäten existieren. Beim Schleifen zeigen sie eine recht starke Fluoreszenz. Es stellte sich heraus, dass es sich bei den weißen Varietäten, einschließlich der hellbeigen und schmutzigweißen um Mikrotröpfchen (von einem Zehntel bis Tausendstel Millimeter Durchmesser) aus durchsichtigem Harz handelt, die manchmal deutlich gerichtet (fließend) und sehr spärlich mit weißem schaumigem Harz überzogen sind. Eine solche Struktur ist die Ursache für ihre recht geringe Dichte und belegt, dass das Harz während vulkanisch aktiver Zeiten flüssig wurde. Eine Struktur, die den Harzfluss anzeigt, wurde ebenfalls mit zwei Bernsteinstücken in Form eines Kalzitkristalls gefunden. Wie Prof. Sachanbiński beschrieb: beschäftigen wir uns mit einer Truggestalt durch ein anorganisches Material. Der Einfluss vulkanischer Vorgänge auf indonesische Harze wurde durch das Vorkommen von Tonstein bestätigt – feuerbeständiger Schiefer, der aus metamorphisiertem Tuff im Zusammenhang mit Vulkanismus entstanden und aufgrund von kieselsäurereichem Magma sauer ist. In Indonesien wurden in Glessit bzw. genauer gesagt, in der undurchsichtigen weißen Varietät von Glessit schmutzigweiße Zwischenlagen gefunden.

Die IR-Kurve von Glessit ergab sich auch bei der Untersuchung von sog. Borneo-Bernstein, der in den untermiozänen Sedimenten der Kohlegrube von Merit Pia im malaysischen Staat Sarawak vorkommt (wobei alpha- und beta-Amyrin darin nicht gefunden wurden).

Durch Bernstein ersetzter Kalzit – das Ergebnis eines pseudomorphen Prozesses: eine kristallografische Form, in der der ausgewaschene Kalzit durch indonesischen Glessit ersetzt wurde. Sammlung des Museums der Erde, Warschau © M. Kazubski

Rechts: Bernsteinstück von mehr als 9 kg – eine Tropfenform, was die aufeinanderfolgenden Tropfschichten von durchsichtigem Glessit im Wechsel mit Harz einer undurchsichtigen, schmutzig-weißen Varietät belegen. Museum der Erde, Warschau © M. Kazubski

Der Borneo-Bernstein wird dem Salbaum (*Shorea robusta*) aus der Familie der Flügelfruchtgewächse (Dipterocarpaceae) zugeschrieben, der wie die gesamte Familie typisch für die tropischen Gebiete Asiens ist. Er kommt auch im tropischen Afrika vor. In Europa wurden keine Vertreter der Flügelfruchtgewächse gefunden; sie kamen insbesondere in der Region vor, zu der auch Borneo gehörte. Der Vergleich der Ergebnisse von IR-Untersuchungen zeigt, dass sowohl die fossilen als auch die rezenten Harze der botanisch eigenständigen Familien Balsambaumgewächse (Burseraceae) und Flügelfruchtgewächse (Dipterocarpaceae) ähnliche IR-Spektra besitzen, was auf eine enge genetische Verwandtschaft dieser Bäume deuten könnte.

Glessitlagerstätten in Borneo wurden 1991 von dem deutschen Paläontologen G. Hillmer entdeckt (Hillmer et al. 1992). Es wurde geschätzt, dass gleichzeitig mit der Braunkohlenförderung 2000–5000 Tonnen (!) Borneo-Berstein pro Jahr gewonnen werden können. Das größte Bernsteinstück der Welt ist, wie D. Schlee beschreibt, 3,5 x 1–2 m groß, was einer Fläche von ca. 5 m^2 entspricht, und wurde im Tagebau Merit Pila gefunden (Schlee 1992). Ein Teil dieses Stücks befindet sich heute im Museum am Löwentor in Stuttgart.

Borneo-Bernstein muss kalt bearbeitet werden, da seine Oberfläche teilweise sehr schnell schmilzt und sich zu »rollen« beginnt. Dennoch präsentierte D. Schlee Fotos von poliertem Borneo-Bernstein für Edelsteinliebhaber und -sammler 1992 mehrfach in der Zeitschrift »Lapis«. Der Borneo-Bernstein eroberte rasch den Markt in Form von Schmuck und kleinen Figuren, die auf der Insel Bali hergestellt werden. Im Übrigen werden figürliche Stücke im orientalischen Stil heute auf Bali nicht mehr nur aus Borneo-, sondern auch als baltischem Bernstein produziert.

Sumatra-Glessit fluoresziert stark (daher der Name »blaue Varietät«), was zur UV-Licht-Prospektion auf den Abraumhalden der Kohlebergwerke in Jambi, Sumatra genutzt wird.

Rechts: Zwillinge. Zwei Gerölle aus der Glessit-Gruppe vom Strand der Marshall Inseln (oben) und Australiens. Es ist nicht auszuschließen, dass sie den langen Weg von den Lagerstätten, die in Borneo abgebaut werden (miozäne Sedimente), über den Ozean kamen. Sammlung des Museums der Erde, Warschau © B. Kosmowska-Ceranowicz

Die für Glessit typischen IR-Kurven zeigen eine geringe Intensität der Karbonylgruppen-Banden (1700 cm^{-1}), die für die Bestimmung fossiler Harze wichtig sind. Bei der Elementaranalyse ergab sich eine größere Ähnlichkeit des Borneo-Bernsteins zum Glessit aus dem Tagebau Goitsche als zum Glessit aus dem Samland. Ein erhöhter Inkohlungsgrad des Harzes kann das Ergebnis der Diagenese sein.

Die Autorin erhielt mehrere fossile Harzgerölle von Elżbieta Sontag und Janusz Fudala, die von der Westküste Australiens stammen, deren IR-Kurven sie als Glessit ausweisen. Es ist anzunehmen, dass sie von Borneo oder Sumatra umgelagert wurden. Ähnlich wird es bei einem Geröll (16,1 g) vom Strand von Majuro auf den Marshall-Inseln im Pazifik sein. Auch dessen IR-Spektrum ähnelt sehr dem von Borneo-Bernstein (Kosmowska-Ceranowicz 2008).

Libanesischer Bernstein

Schon von den Phöniziern gesammelt und gehandelt, wurde libanesischer Bernstein mindestens seit 1843 beschrieben (Rusegger 1843). Es ist die älteste Bernsteinart mit tierischen Inklusen; in Europa kann er beispielsweise im Museum am Löwentor, Stuttgart, und im Museum der Erde, Warschau, besichtigt werden.

Heute wird sein Alter mit 145–100 Mio. Jahre angegeben (vom oberen Jura bis zum Cenomanium). Die meisten Aufschlüsse gehören zur Unterkreide (Neokomium, 135–125 Mio. Jahre). Dieser Bernstein kommt in verschiedenen Teilen des Libanons vor (Azar 2010); bis heute wurden mehr als 300 Orte dokumentiert. Die meisten sind primäre Lagerstätten. An 16 Fundorten aus der Unterkreide wurde Bernstein mit Inklusen entdeckt. Dem Er-

Dr. Dany Azar – Forscher und Entdecker von neun Aufschlüssen des ältesten libanesischen Bernsteins in vulkanischen und Lateritsedimenten des oberen Jura (Kimmeridgian) im Libanongebirge mit einer Probe aus Hammana; Harze aus dem Unterkarbon wurden im Libanon an mehr als 300 Stellen gefunden. Archiv der Bernsteinabteilung, Museum der Erde, Warschau.

Rechts: Goldgelber oder manchmal grünlicher libanesischer Bernstein ist in den Lagerstätten der Unterkreide eingebettet. Sammlung des Museums der Erde, Warschau © M. Kazubski

forscher von libanesischem Bernstein, Dany Azar, zufolge ermöglichten die Untersuchungen die Rekonstruktion der Paläoumwelt, des Paläoklimas und der Paläogeografie. Libanesischer Bernstein aus Sedimenten des oberen Jura (!) ist Azars neuste Entdeckung.

Im Libanon werden fossile Harze so hoch geschätzt, dass versucht wurde, sie in die UNESCO-Welterbeliste aufnehmen zu lassen, da die Zerstörung ihrer Lagerstätten durch intensiven Abbau ein immenser wissenschaftlicher Verlust wäre.

Die fossilen Harze Amerikas

Cedarit (Chemavinit), Jelinit

Die gelben Klumpen um den Cedar Lake, Kanada wurden bereits von den amerikanischen Ureinwohnern der präkolumbianischen Ära entdeckt. R. Klebs beschrieb 1897 das Harz und benannte es nach dem See (Klebs 1897). Allerdings hatte er nicht berücksichtigt, dass Cedarit schon früher unter dem Namen eines in dem Gebiet lebenden indianischen Stammes als Chemavinit beschrieben worden war (Tyrrell 1891). Dieser Name wurde lange für die Beschreibung der Lagerstätte verwendet. In den Jahren 1895–1897 wurde eine Tonne dieses Harzes gesammelt, wovon ein Teil zur Herstellung von Lack diente.

Um den Cedar Lake wurde der Cedarit vom Saskatchewan-Fluss mit kreidezeitlichen Sedimenten (Campanium 80–70 Mio. Jahre) auf sekundärer Lagerstätte deponiert. Im Museum für ver-

Cedarit vom Cedar Lake, Klumpen mit hübscher, auf mechanische Weise erhaltener Politur. Sammlung des Museums der Erde, Warschau © B. Kosmowska-Ceranowicz

Rechts: Die Böschung einer an Cedarit reichen Abraumhalde, Kohlentagebau am Grassy Lake, Alberta, Kanada. © J. Fudala

gleichende Zoologie der Harvard Universität befindet sich eine von F. Carpenter 1930 zusammengetragene Sammlung von »einigen Millionen Stücken« Cedarit mit Inklusen. Noch heute weckt Cedarit aus unterschiedlichen Vorkommen und reich an Inklusen das Interesse der Entomologen.

Leider wurden die Bernsteinstrände infolge eines Dammbaus am Cedar Lake überflutet. Heute findet man Cedaritstücke wieder an den Ufern des neuen Sees. Der begeisterte Sammler fossiler Harze, Janusz Fudala, durchstreifte 2003 die Weiten Amerikas, um interessante Proben sowohl von Cedarit als auch Seesedimente, Gipskristalle und den reichlichen pflanzlichen Detritus an den Ufern des Cedar Lakes, in der Umgebung des Grassy Lakes und in den Hügeln von Wyoming, USA zu sammeln. Einen Teil seiner Sammlung einschließlich seiner fotografischen Aufzeichnungen schenkte er dem Museum der Erde, Warschau. Ein Team kanadischer und australischer Wissenschaftler verglich die Harze aus der Gegend des Grassy Lakes und der Ufer des Cedar Lakes (McKeller et al. 2008).

Drei Cedaritstücke aus der Sammlung von J. Fudala wurden von Wiesław Gierłowski mechanisch bearbeitet. Cedarit ist ebenso schleifbar wie Succinit und beginnt beim Polieren noch rascher zu glänzen als Succinit. Dies hängt mit der großen Mikrohärte (404 MPa) zusammen.

In vielen Fällen ermöglichten die IR-Untersuchungen, die am Museum der Erde an fossilen Harzen von verschiedenen Fundorten in Nordamerika stammen (es existieren etwa 50 Fundorte kreidezeitlicher Harze in Kanada), die Identifizierung von Cedarit.

Langenheim und Beck untersuchten kanadischen Cedarit schon 1965 mittels Infrarotspektroskopie und schrieben ihn den Araukariengewächsen (Araucariaceae) zu, was auf Ähnlichkeiten seiner IR-Kurve mit der des Neuseeländischen Kauri-Baums (*Agathis australis*) beruht (Langenheim & Beck 1968). Leider haben botanische Untersuchungen diese Schlussfolgerung bis jetzt noch nicht bestätigt.

Das spröde, gelb-rötliche Harz aus Wyoming wurde 1996 in kompaktem, kalkfreiem grauem Ton der oberkreidezeitlichen Lance-Formation (Oberes Maastrichtium) auf Hanson Ranch bei Newcastle, Wyoming gefunden. Unter Infrarotlicht ist es sehr ähnlich wie Cedarit vom Cedar Lake und wie der der Grassy Lake Kohlemine in Kanada. Die reichen Harzfunde aus den Kohleschiefern und Kohlenlagerstätten des Hanna Beckens in Wyoming waren ebenfalls Gegenstand von Untersuchungen (Grimaldi et al. 2000).

Als Jelinit bekannter Bernstein wurde im Naturraum der Smoky Hills, Kansas gefunden (Buddhue 1938a, b). Das fossile Harz aus Kansas stammt aus dem Mesozoikum, genauer der Kreide, und seine Verwandtschaft mit der Gattung Aurakarie (*Araucaria*) fand bereits G. F. Beck heraus. Jelinit ist extrem spröde und deshalb zur Schmuckherstellung ungeeignet. Er zeigt einen muscheligen Bruch, besitzt die Härte 3 nach der Mohsschen Skala, hat eine Dichte von ca. 1,05 g/cm^{-3} und fluoresziert herrlich blau-grün. Er brennt mit rußender Flamme und verströmt einen starken, harzigen Geruch. Ether greift die Oberfläche von Jelinit durch Lösen bis zu einem gewissen Maß an. Das Harz reagiert nicht mit Salpetersäure, Essigsäure, verdünnter Kalilauge, konzentriertem Ammoniumhydroxid und Azeton; zu 38 % ist es in kaltem Chloroform löslich. In Lösung verwandelt es sich in ein braunes Öl. Seine IR-Kurve zeigt wie die des fossilen Harzes aus Wyoming eine Ähnlichkeit mit der Kurve von Harzen aus der Cedarit-Gruppe (Kosmowska-Ceranowicz 2001a).

Dominikanischer Bernstein

Vom fossilen Harz der Dominikanischen Republik wird angenommen, dass schon Kolumbus bei seiner zweiten Expedition nach Westindien in den Jahren 1494–1496 darauf gestoßen ist. Beiläufige Erwähnungen, die erst 400 Jahre später auftauchten, berichten von einer bernsteinführenden Formation (Monte Cristi Gebirgszug) und Inklusen, die im Bernstein gefunden wurden.

In den 1960er Jahren stieß das fossile Harz aus der Dominikanischen Republik vor allem bei Paläoentomologen wegen der zahl-

Links: Dominikanischer Rohbernstein unter UV-Licht mit blauer Fluoreszenz. Sammlung des Museums der Erde, Warschau © M. Kazubski

Rechts: Dominikanischer Bernstein wird nördlich von Santiago in der Cordillera Septentrionalis in hartem, bläulichem, schwer zu bearbeitenden Gestein abgebaut. Minenaufschluss. © J. Fudala

reichen gut erkennbaren Arthropoden-Inklusen auf großes Interesse.

Die Inklusen sind nicht von einem Hof aus schaumigem Bernstein umgeben. Der Wert der Stücke mit einer Fülle organischer Reste erhöhte sich noch zusätzlich dadurch, dass die Regierung in Santo Domingo 1987 ein Dekret erließ, wonach der Export von Inklusen ohne Genehmigung des Nationalen Naturhistorischen Museums verboten ist. Die Zusammensetzung der Arthropodenfauna im dominikanischen Bernstein unterscheidet sich deutlich von den Gesellschaften, die im baltischen Bernstein vorkommen. Dies hängt mit dem Klima und der starken Isolation der Insel in der Karibik zusammen. Wie Schlee (1984a) berichtete, gibt es interessanterweise Proben von dominikanischem Bernstein, in denen eine große Individuenzahl gleichzeitig eingebettet wurde, bis zu 200 in einem Stück. Amphibien und Reptilien – Geckos und Leguane – kommen ebenso darin vor. Mehr als zehn Eidechsen und ein Frosch wurden bisher gefunden. Vogelfedern sind ebenfalls häufiger als im baltischen Bernstein.

Heutzutage wird Bernstein in der Dominikanischen Republik auf primitive Art und Weise gewonnen, indem schmale Schächte oder Seitenstollen an Berghängen gegraben werden. Die Fundstellen sind recht häufig, wobei der Bernstein in paläogenem Sandstein oder schmierigem Ton vorkommt. Die meisten Funde stammen von der nördlichen Bergkette zwischen Puerto Plata und Santiago. In Palo Quemado, wo Bernstein schon seit 50 Jahren gefunden wird, befinden sich drei Minen mit beträchtlicher Förderung. Die größte Mine ist in Palo Alto: auf ca. 5 km^2 befinden sich viele Ein-Mann-Stollen. In dieser Gegend mit 100 kg Ausstoß kom-

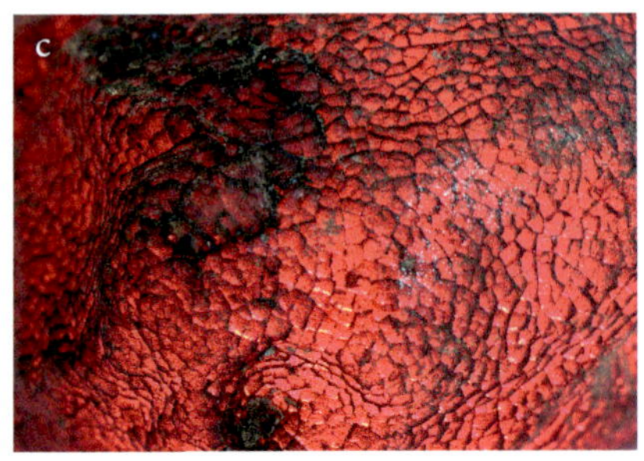

Dominikanischer Bernstein: a) Der Querschnitt durch ein feinschichtiges Stalaktitenfragment zeigt die hohe Dünnflüssigkeit des Harzes während der Entstehung des Tropfsteins. Sammlung des Museums der Erde, Warschau © J. Kupryjanowicz
b) Geröll vom Strand. Bernsteingerölle werden an den Flussmündungen am Ozean an der Ostseite der Insel gefunden. Sammlung des Museums der Erde, Warschau (Geschenk von J. Fudala, gekauft aus der Sammlung von Jorge Caridad) © M. Kazubski;
c) Ein ungeschliffenes Geröll mit einer dunklen, verwitterten Oberfläche erscheint in einem starken Lichtstrahl blutrot. Sammlung des Museums der Erde, Warschau © J. Kupryjanowicz

men manchmal 30–40 kg Material mit Inklusen vor. Hier wurde darüber hinaus das größte Stück mit 13 kg zusammen mit einigen kleineren von 7–9 kg gefunden. Das Alter dieser Mine wurde auf oligozän–untermiozän datiert. Der Bernstein kommt in feinkörnigem, kompaktem, grau-bläulichem Sandstein mit Glimmer und Kohleneinschlüssen vor.

Dominikanischer Bernstein tritt hauptsächlich in transparenten Varietäten auf. Nach Wu (1998) sind ca. 90 % transparent: von hellgelb bis cognacfarben, manchmal rot. Die Varietäten mit starker Fluoreszenz sind sehr häufig und besonders gesucht. Während eines Monats werden ca. 10 kg des seltenen blauen Bernsteins gewonnen, von denen 25 % beste Sorte nach der Reinigung übrig bleiben. Die blaue oder noch seltenere grünliche Farbe ist unter Auflicht oder vor einem dunklen Hintergrund sichtbar. Die blaue Varietät ist härter als die übrigen; manchmal findet man auch scheibenförmige Stücke. Diese Varietät enthält keine organischen Inklusen und falls doch, scheinen sie etwas zerdrückt zu sein. All das deutet darauf hin, dass das Harz starken diagenetischen Veränderungen unterworfen war. Wachstumsringe können in dominikanischem Bernstein manchmal haarfein sein und beeinträchtigen seine Transparenz nicht. Das kann ein Hinweis auf die geringere Viskosität dieses Harzes im Vergleich zu baltischem Bernstein sein.

Die größte europäische Sammlung von Dominikanischem Bernstein befindet sich im Museum am Löwentor in Stuttgart, Deutschland. Ein großes Stück von 7,8 kg gehört dem Paläontologisch-Geologischen Institut und Museum der Universität Hamburg.

Dominikanischer Bernstein konkurriert mit baltischem auf dem europäischen Markt. Trotzdem entwickeln sich auf seiner schön polierten Oberfläche rasch flache Risse. Nach Wu (1998) wurde eine thermische Behandlung bei dominikanischem Bernstein bis jetzt noch nicht angewandt; er wird so belassen, wie er in der Natur vorkommt. Neueren Berichten zufolge wird der Bernstein vor der Endverarbeitung einige Zeit in Öl aufbewahrt.

Dominikanischer Bernstein: größere unbearbeitete Stücke und kleinere bereits geschliffene und polierte Fraktionen. © J. Fudala

Poliertes Stück der blauen Varietät des dominikanischen Bernsteins. Sammlung des Museums der Erde, Warschau, Sammlung J. Fudala © J. Fudala

Neben tierischen Inklusen enthalten die fossilen Harze aus Mittelamerika auch beeindruckende pflanzliche Einschlüsse. Die Ergebnisse von botanischen Untersuchungen und Infrarotspektroskopie an rezenten Harzen, Chiapas-Bernstein und dominikanischem Bernstein ermöglichten es, die Mutterbäume dieser fossilen Harze in den 1960er Jahren zu bestimmen. Dies waren Laubbäume, ähnlich den heutigen Arten der Gattung Animebaum (*Hymenaea*), die zu den Schmetterlingsblütengewächsen (Leguminosae) gehören. Für den Chiapas-Bernstein wurde die Art *Hymenaea courbaril* L. unter den rezenten Leguminosen ermittelt, die entlang von Flüssen wächst und nicht viel Harz liefert (Langenheim 1966). Für den dominikanischen Bernstein hat George Poinar die heute ausgestorbene Art *Hymenaea protera* ermittelt (Poinar 1991). Arten der Animebäume (*Hymenaea*) erreichen eine Höhe bis 16 m, einen Durchmesser bis 2 m, zeigen Laubwechsel und haben Blättchen, die etwas größer als ein Daumen sind und an einer ca. 8 cm langen Blattspindel sitzen, ähnlich wie bei einer Robinie. Die Samen befinden sich in einer Hülse.

Im Jahr 2008 wurde in der Bernsteinmine von La Bukara, Dominikanische Republik, wo der Bernstein unter sehr schwierigen Bedingungen aus harten Sedimenten gewonnen wird, eine sensationelle Entdeckung gemacht. Doug Lundbergh entdeckte die Überreste eines Vogelkükens in Bernstein aus dieser Gegend. Laut dem Entdecker enthält der Bernstein Daunenfedern, Federkiele, Eischalen und Arthropodeninklusen. Doug Lundbergh bekam diese Stücke von einem Polierer, der an dem Bernstein arbeitete, wobei das ursprünglich größere Stück in Lundberghs Gegenwart in kleinere zerbrach. Die drei größeren Stücke enthalten gut erkennbare aufgeblätterte tropfsteinartige Formen, die aus aufeinanderfolgenden Fließschichten bestehen. Der Einschluss von Vogelfragmenten bestätigt, dass zwei durch Schleifen reduzierte Fragmente zu demselben Stück gehörten.

Die Untersuchungen an diesen einmaligen Inklusen in fünf geschliffenen und polierten Proben dominikanischen Bernsteins von 1 bis 7 g erfolgte auf Anregung von Janusz Fudala am Museum der Erde der Polnischen Akademie der Wissenschaften unter Leitung der Autorin. Der erste Ergebnisbericht wurde 2013 auf dem internationalen Bernsteinforschersymposium in Danzig vorgestellt (Kosmowska-Ceranowicz et al. 2013). Er umfasste eine IRS-Untersuchung der Proben, eine Liste der Vogelfragmente: Federkiele und Daunen im embryonalen Entwicklungszustand (mit erkennbaren Federbälgen), Krallen und Knochen, die durch eine Analyse der prozentualen Anteile der Elemente dokumentiert wurden; die Eierschalen und eine Schätzung der Eigröße (mit einem Lichtmikroskop durch grafische Methode ermittelt). Ein Stück Vogelhaut war ebenfalls erkennbar. Außerdem wurden drei Pflanzeninklusen gefunden, wozu ein Lebermoos- oder Moosfragment gehört sowie Stückchen von Arthropoden, wie Diptera, Brachycera, Calyptratae (Fliegen); Diptera Brachycera, Dolichopodidae (?) (Langbeinfliegen); Psocoptera (Staubläuse) und eine Käferlarve, Dermestidae (Speckkäfer).

Aus den erhaltenen Inklusen lässt sich schlussfolgern, dass das Harz die Reste der Eierschale und das Küken eingebettet hat, die von den Prädatoren gefressen wurden, ebenso wie die Spuren der

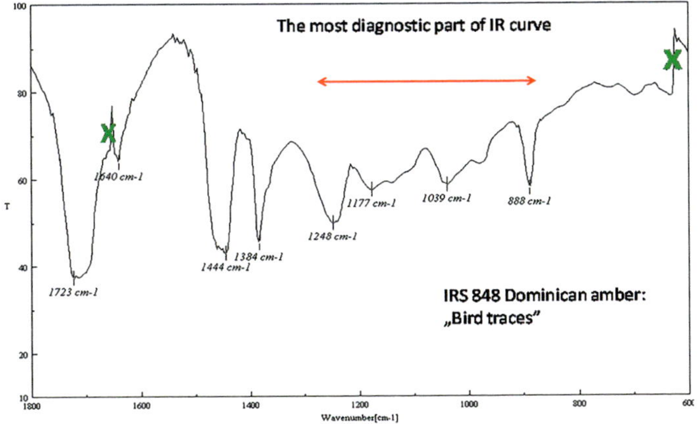

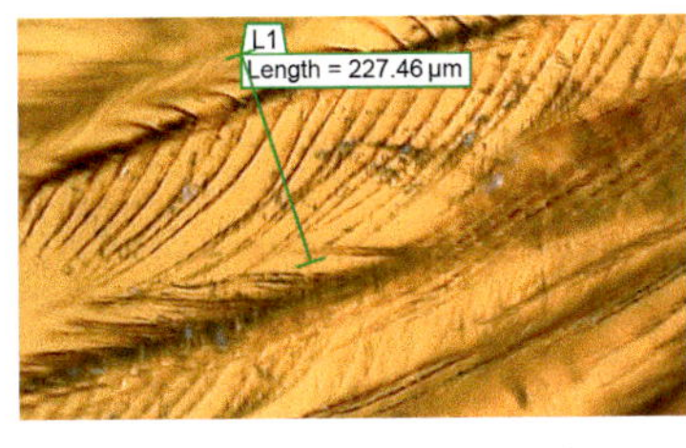

Kükenfedern in dominikanischem Bernstein (100-fach vergrößert). © J. Marczak, Militäruniversität für Technologie, Warschau

IRS 848 Ein diagnostischer Teil des IRS-Spektrums von dominikanischem Bernstein mit Inklusen von Resten eines Vogels (Probe 1). © B. Kosmowska-Ceranowicz

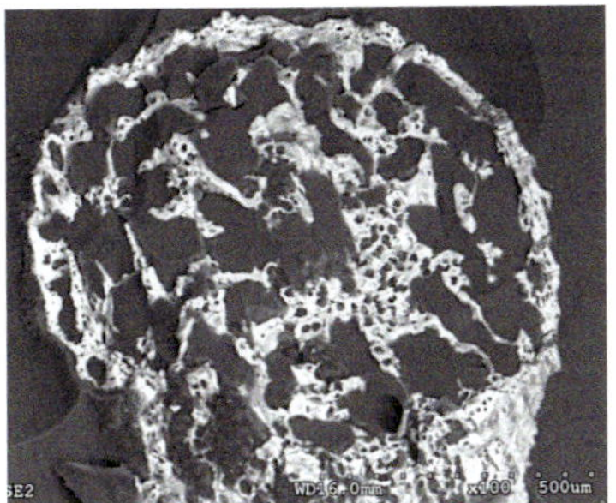

Teile von vier Küken-Krallen in dominikanischem Bernstein (100-fach vergrößert) und Querschnitt eines Knochens mit Haversschen Kanälen. © J. Kupryjanowicz

Dominikanischer Bernstein unter UV-Licht – Proben mit Einschlüssen der Vogelkükenfragmente. Zwei Proben (Nr. 2 und 3 – oben links und Mitte) enthalten einen deutlich erkennbaren, durchsichtigen (völlig inklusenfreien) und glatten Stalaktiten; die dritte (Nr. 1) enthält ein ungleichmäßig angeordnetes Stück Vogelhaut. © B. Dajnowski

darauf folgenden Aktivitäten von Aas-Insekten. Aus den untersuchten Proben lässt sich schwer ableiten, ob das Harz die Überreste im Vogelnest eingebettet hat, oder ob das Küken zu einem anderen, bequemen Futterplatz auf einem Baum transportiert wurde. Das Fehlen von Schädelspuren deutet auf Letzteres.

Prof. Andrzej Elżanowski arbeitet an der Bestimmung von Gattung oder Art des in den Proben erhaltenen Vogels. Die in den Stücken gefangenen Inklusen werden sicher noch Gegenstand vieler weiterer Publikationen sein, und zwar in dem Maße, wie Fortschritte bei den Analysetechniken weitere Untersuchungen dieser faszinierenden Funde ermöglichen.

Mexikanischer Bernstein

Die erste Erwähnung von Mexikos fossilem Harz findet sich in einer Untersuchung von Helm (1891): »... ein schönes Stück ... stellt eine dicke, geflossene sog. Schlaube vor, sieht gelb-roth aus, ist klar

a

b

Mexikanischer Bernstein – das fossile Harz von Laubbäumen – auch als Chiapas-Bernstein bekannt:
a) Halbfertigerzeugnisse, geschliffen. Sammlung des Museums der Erde, Warschau;
b) Rohbernstein in oberoligozän–untermiozänem Sedimentgestein (Schenkung von G. Poinar).
© M. Kazubski

und fluorescirt schwach, aber deutlich.« Bei seinen Tests fand Helm dieselbe Härte wie bei Succinit, erhielt bei der trockenen Destillation keine Bernsteinsäure, während der Schwefelgehalt 0,24 % betrug. Nur 8,5 % des Harzes lösten sich in Alkohol und 10 % in Ether. Beim Erhitzen schmilzt es, fließt dann ruhig, ohne aufzuschäumen. Die dabei entstehenden Dämpfe riechen ähnlich wie die von Simetit, dem es auch äußerlich am ähnlichsten ist. Obwohl viele Male erwähnt, wurde das Harz nie detaillierter untersucht und niemand hat dafür einen Mineralnamen vergeben.

Mexikanischer oder Chiapas-Bernstein kommt aus der Umgebung von Simojovel de Allende. Bernsteinjäger, die »ambareros«, finden dort auch Gagat, der neben Türkis eine wichtige Rolle bei der Schmuckherstellung der lokalen Ureinwohner spielt. Die Indianer kennen Bernstein im Bundesstaat Chiapas schon seit langer Zeit. Hier wurden Bernsteinornamente, Dekorationen von Begräbnis- und Kultstätten gefunden. Bernstein wurde zur Herstellung der berühmten Fetische verwendet, die angeblich Glück bringen, Fruchtbarkeit garantieren, vor Ungemach schützen, Hilfe bei der Jagd und beim Fischen bringen.

In den 1950er und 1960er Jahren kam Interesse am Alter der bernsteinführenden Sedimente und Inklusen auf. Sedimente – Sandstein, Kalkstein – waren vor allem bei Felsstürzen verfügbar. Ihr Alter wurde auf oberoligozän bis untermiozän datiert. Die Sedimentationsbedingungen wurden als brackig bis marin beschrieben.

Andere Harze aus Amerika

In der kanadischen Provinz Alberta wurde bei Cold Lake ein fossiles Harz gefunden, dessen IR-Spektrum auf Glessit schließen lässt. Es kommt sehr reichlich in miozänen Steinkohlenlagerstätten vor. In einem an Cedarit reichen Gebiet war die Identifizierung von Glessit eine große Überraschung. Das Harz ist spröde und gleichzeitig stark in eine Richtung gepresst; es ist »pseudospaltfähig« (ein Begriff der Autorin), so wie Glessit, eine der Harzarten von Borneo, die durch eine dünne streifenförmige Schieferung charakterisiert ist. »Pseudoschieferung« wurde auch bei libanesischem Bernstein festgestellt.

Im Nordwesten von Peru entdeckte John Flynn in einer mitteleozänen Braunkohlenschicht ein Harz mit Einschlüssen von »Insekten, Spinnen und anderen Organismen« (Antoine et al. 2005). Die Umwelt, in der dieses Harz entstand, erinnert am ehesten an heutige Regenwälder.

Das fossile Harz aus der Glessitgruppe (von der Autorin erstmals so bezeichnet) aus dem miozänen Steinkohlebergwerk in Cold Lake, Alberta, Kanada, ist durch Pseudoschieferung gekennzeichnet. Die Schieferung ist typisch für die Kristalle bestimmter Mineralien, darunter Feldspat oder Glimmer. Sammlung des Museums der Erde, Warschau © B. Kosmowska-Ceranowicz

Die fossilen Harze Afrikas

Lange wurde auf die Entdeckung eines fossilen Harzes in Afrika gewartet. Die einzigen Mitteilungen bezogen sich auf Kopal.

Das erste kreidezeitliche Harz aus dem nördlichen Kwa Zulu-Natal, Südafrika, gelangte durch den russischen Paläoentomologen

Die Verbreitung von Kopal auf dem afrikanischen Kontinent und Vorkommen fossiler Harze in Kreide-Sedimenten.

Kopal (gelb)
fossiles Harz (grün)

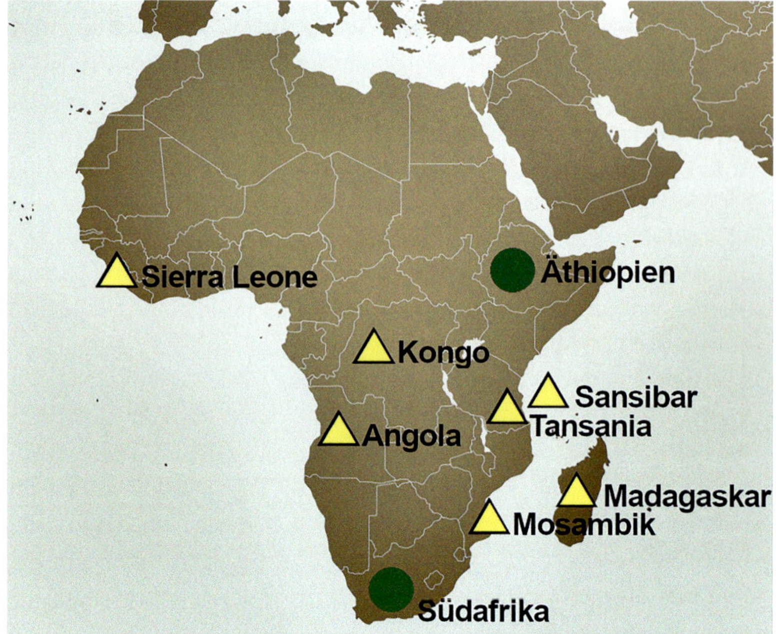

Dr. M. B. Mostovsky vom Natal-Museum nach Polen. Ein IR-Test ergab, dass dieses Harz zur Glessit-Gruppe gehört (Kosmowska-Ceranowicz 2015), wodurch belegt ist, dass es von Laubbäumen aus der Familie der Dipterocarpaceae (Flügelfruchtgewächse) oder der Burseraceae (Balsambaumgewächse) stammt.

Das fossile Harz aus Äthiopien

Eine Lagerstätte von kreidezeitlichem »Bernstein« wurde ca. 9 km nordwestlich der Stadt Alem Ketema im Hochland von Äthiopien entdeckt. Der Aufschluss befindet sich an einem Hang des Wenchit-Flusstals, unweit der Ortschaft Midda, an der Straße von Alem-Ketema nach Rema. Die Bernsteinstücke kommen in flachen Schluffschichten des Debre Libanos Sandsteins vor. Das mesozoische Sedimentgestein ist von eozänen Vulkaniten bedeckt. Während der letzten acht Jahre lieferte der Aufschluss einige Kilogramm Bernstein, von denen 1,5 kg für Forschungszwecke verwendet wurden. Das Alter des äthiopischen Bernsteins wurde mit Hilfe der Thermogravimetrie und der Differential-Thermogravimetrie als Aptium – Albium ermittelt (eine Periode zwischen 125 – 99,6 Mio. Jahren). Ein internationales, zwanzigköpfiges Forscherteam zeichnete ein deutliches Bild sowohl von der Herkunft des Harzes der Animebäume (*Hymenaea*) als auch von den geologischen und

Fossiles Harz aus Äthiopien, durchsichtiger Bernstein mit einer Masse von 1150 g; ein sehr stark glatt poliertes Geröll, in einer Dauerausstellung. Naturhistorisches Museum Wien © B. Kosmowska-Ceranowicz

paläoentomologischen Bedingungen hinsichtlich Ursprung und Zusammensetzung der Pflanzeninklusen (Schmidt et al. 2010, McCoy et al. 2017).

Weitere Erkundungen durch Sammler erbrachten neue Funde aus dem Gebiet nördlich von Alem-Ketema. Dort werden durchsichtige gelbe und grünliche Varietäten gefunden. Diese Harze bedürfen detaillierter Untersuchungen. In Infrarotlicht zeigen sie Spektren ohne Banden in der Umgebung von 977 und 888 cm^{-1}.

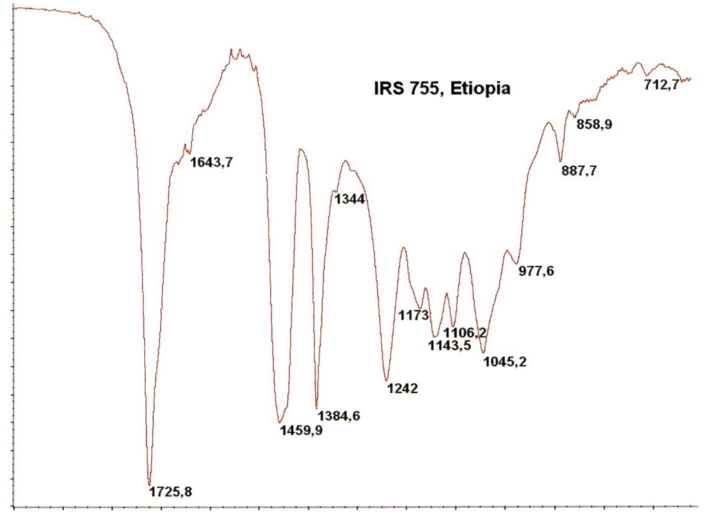

IRS-Spektrum 755 der Untersuchung des fossilen Harzes aus Äthiopien von einem 1150 g-Stück, das typisch für das Animebaum-Harz (*Hymenaea*) ist.
© B. Kosmowska-Ceranowicz

Subfossile Harze

Am Ostseestrand können Bernsteinsammler und Kunsthandwerker auf der Suche nach Rohmaterial Harzstücke finden, die sich auf den ersten Blick nicht von Bernstein unterscheiden, obwohl sie keiner

Cotui-Kopal, Dominikanische Republik. Schleifen und Polieren haben die zahlreichen organischen – tierischen und pflanzlichen – Inklusen offenbart. Sammlung des Museums der Erde, Warschau © M. Kazubski

sind. Nicht nur mit Bernstein, sondern auch mit Gedanit verwechselt, finden sie ihren Weg in private Sammlungen und oft auch in Museen. Nur genaue Untersuchungen ermöglichen die Identifizierung von zwei verschiedenen Arten von Harzen: Kolophonium und sog. junger Bernstein.

Die Suche nach der Beziehung zwischen subfossilen und anderen Harzen erfolgt hauptsächlich bei Kopalen und rezenten Harzen. Zahlreiche IR-Tests ergaben Spektra für subfossile Harze mit typischen Eigenschaften, einschließlich einer intensiven Bande bei ca. 895 cm^{-1}.

Die Bezeichnung wird sowohl für ein erhärtetes Harz verwendet, das seine flüchtigen Komponenten auf natürliche Weise verloren hat, als auch für einen bei der trockenen Destillation gewonnenen Harzbestandteil. Neben Kolophonium werden aus dem Harz, so wie aus Bernstein, Öl und Säuren gewonnen. IR-Tests ermöglichen die zweifelsfreie Bestimmung von Kolophonium. Große Stücke findet man oft am Ostseestrand und in holozänen Sedimenten, die dann als Bernstein in Museen gebracht werden. Kleine, dunkel honiggelbe Gerölle sind Teil der Rohbernsteinmasse und werden erst beim Verarbeitungsprozess verworfen, da sie sich nicht schleifen lassen.

Ein 7 kg schweres Stück Kolophonium von der Wald-Kiefer (*Pinus sylvestris*), das 1960 am Strand zwischen Sobieszewo (Bohnsack) und Jantar (Pasewark), Polen, gefunden wurde; nach ^{14}C-Datierung ist es 650 Jahre alt. Sammlung des Museums der Erde, Warschau © M. Kazubski

Bei der Behandlung von Kolophonium mit Lösungsmitteln wird es klebrig. Deshalb lässt es sich am einfachsten dadurch identifizieren, dass man es mit einem in Azeton getränkten Baumwolltuch reibt, das daraufhin rasch an der Oberfläche des Stückes kleben bleibt. Auch bei erhöhter Temperatur ist es einfach zu bestimmen.

Eine vergleichende Untersuchung mittels IR-Spektroskopie ergab, dass das Meerwasser der Ostsee das Kolophonium aus den in Mitteleuropa verbreiteten Wald-Kiefern (*Pinus sylvestris*) auswäscht. Die Kurven von rezentem Kiefernharz unterscheiden sich nicht von denen des Kolophoniums, das am Strand vorkommt.

Untersuchungen an der Ukrainischen Akademie der Wissenschaften in Kiew mit der ^{14}C-Methode zum absoluten Alter von Kolophoniumproben vom Museum der Erde, Warschau, ergaben recht unterschiedliche Ergebnisse.

Das Alter eines Kolophoniumstückes von 3,3 kg wurde mit 2 530 ± 60 Jahren ermittelt. Bruno Bach hatte es im April 1969 im Danziger Hafen zwischen dem Meer und der Toten Weichsel unweit der Westerplatte aus dem Wasser gefischt.

Die ältesten Gerölle, von denen eins 345 g wiegt, stammen aus der Gegend von Mikoszewo (Nickelswalde). Ein Mitarbeiter des Museums der Erde, der Bernsteinkünstler Cezary Wójciak (1932–2009), hatte sie im Jahr 1987 gesammelt. Das Alter eines dieser Gerölle wurde mit 6 400 ± 50 Jahren, das eines anderen mit 7 120 ± 70 Jahren bestimmt.

Das Alter eines 7 kg schweren Stückes, das Antoni Domaradzki 1960 in der Danziger Bucht zwischen Sobieszewo (Bohnsack) und Jantar (Pasewark) gefunden hatte, wurde auf 620 ± 30 Jahre datiert.

Die Eigenschaften von subfossilem (1) und rezentem Kolophonium (2) sowie Bernstein (Succinit) (3)

	(1)	(2)	(3)
Erweichungspunkt	90 °C	60–80 °C	158 –180 °C
Schmelzpunkt	155 °C	100–130 °C	300 –380 °C
Elementarzusammensetzung			
C	78,9 %		61 – 81 %
H	9,8 %		8,5 –11 %
O	10,32 %		Rest zu 100 %
S	0,92 %		0,5 %

Das größte Kolophoniumstück, tonnenförmig und 238 kg schwer, wurde 1988 aus einer Tiefe von 70 Metern aus der Ostsee östlich von Gotland von Leif Brost aus Schweden gefischt. Aus der Masse und der Form dieses Stückes lässt sich leicht ableiten, dass das Harz von jemandem gesammelt und in einer Tonne aufbewahrt worden war, die beim Transport verlorenging (Beck et al. 1993).

Junger Bernstein

Die Sammlung von jungem Bernstein am Museum der Erde wurde vor allem von dem Bernsteinkünstler Cezary Wójciak zusammengetragen und umfasst Gerölle, die durch die Meereswellen glattgerieben und vor allem am Strand von Mikoszewo (Nickelswalde), Polen, gefunden wurden. Aus diesem Grund könnte das Harz als »Mikoszewit« benannt werden, allerdings wurde es bis jetzt noch zu wenig untersucht.

Junger Bernstein ist in der Regel völlig transparent, manchmal etwas wolkig. Seine Farben variieren von der sog. meist farblosen Eis-Varietät über hellgelb zu gelb.

Elementarzusammensetzung von jungem Bernstein (in Prozent)

Ort	Inventarnummer	C	H	O
Ostsee	1888	79,38	11,02	9,6
Gdynia (Gdingen)	8295	75,35	9,88	14,77

Junger Bernstein wird leicht mit Gedanit oder Kolophonium verwechselt und manchmal auch fälschlicherweise für Kopal gehalten. Die Bezeichnung »Kopal« sorgt unter Wissenschaftlern für Widerspruch, da sie diesen Terminus subfossilen Harzen von der Südhalbkugel mit anderer botanischer Herkunft und anderem Alter

Junger Bernstein von der Weichselmündung in Mikoszewo (Nickelswalde). Sammlung des Museums der Erde, Warschau © M. Kazubski

vorbehalten. Für erfahrene Bernsteinkünstler, die die Bezeichnung »junger Bernstein« verwenden, ist es lediglich eine mit herkömmlichen Methoden nicht bearbeitbare Harzart, da sie beim Schleifen teilweise schmilzt und sich »rollt« und weil das Poliermittel beim Polieren damit verschmilzt. Sie ist weich und leicht plastisch. Nur wenn das Harz kalt ist und sehr vorsichtig bearbeitet wird, lässt sich eine akzeptable Politur erreichen. Die Oberfläche junger Bernsteinstücke ist von einer Art leicht staubiger Schicht überzogen, die an die verwitterte Oberfläche von Gedanit und Kolophonium erinnert. Gabriela Gierłowska fand heraus, dass sich das Harz beim Erhitzen in Gegenwart von Luft ausdehnt und dabei seine äußeren Schichten verliert, »als ob die Haut davon abplatzt«. IR-Tests ergaben Kurven mit ähnlichen Spektren wie die von subfossilen Harzen mit einer starken Bande bei 895 cm^{-1}.

Die Radiokarbondatierung von drei Proben jungen Bernsteins konnte die Vermutungen hinsichtlich ihres holozänen Ursprungs nicht bestätigen (d.h. die letzten 10000 Jahre). Die Kapazität der Apparatur zur ^{14}C-Datierung wurde überschritten, d.h. dass junger Bernstein älter als 60000 Jahre ist. Theoretisch kann er somit sogar aus dem Paläogen stammen!

Um die Zugehörigkeit von jungem Bernstein zu Sedimenten bestimmen zu können, deren Alter bekannt ist, müssen auch seine Fundorte bekannt sein. In den vergangenen Jahren wurde er unter Rohmaterial aus dem Vorkommen im Samland gefunden.

Kopal

In der wissenschaftlichen Literatur herrscht eine fortwährende Diskussion darüber, was als Kopal und was bereits als fossiles Harz bezeichnet werden sollte. Das Alter ist das häufigst genannte Kriterium. Manche setzen das Alter von Kopal mit 10000 bis 5 Mio.

Jahre an und stufen daher die afrikanischen pliozänen Harze auch als Kopal ein. Andere würden die Bezeichnung Kopal lieber zur Beschreibung von Harzen aus dem Zeitraum der letzten eine Million Jahre oder höchstens seit dem Pleistozän verwenden. Nach D. Schlee wird der Begriff sogar für eine Gruppe von Harzen verwendet, die jünger als 250 Jahre sind (Schlee 1984b). Dieser Terminus ist manchmal auch ein Synonym für die Bezeichnung »Harz«, womit sowohl rezenter Kopal als auch älterer als pleistozänen Ursprungs gemeint ist. Andererseits heißt in Neuseeland paläogenes fossiles Harz Kauri-Kopal. Manche meinen, dass es am besten ist, der Übereinkunft zu folgen, dass der Begriff Kopal für pleistozäne Harze, die jünger als eine Million Jahre sind, solange dient, bis eine genaue, nicht auf ein bestimmtes Alter fokussierte Definition von Kopal existiert.

Das absolute Alter von Kopal kann mit Hilfe der Radiokarbonmethode (wie im Fall von Kolophonium) ermittelt werden. Der afrikanische Kopal im Museum der Erde stammt aus der Gegend von Cacuaco, Angola, und wurde nach der Radiokarbonmethode auf 37 600 ± 200 Jahre datiert.

Kopal kann für die Schmuckherstellung verwendet werden, obwohl bis heute die Schleifscheiben gekühlt werden müssen, da der Schmelzpunkt von Kopal niedriger als der von Bernstein ist.

	Erweichungspunkt	**Schmelzpunkt**
Bernstein	150 – 180 °C	300 – 380 °C
Kopal	150 °C	180 – 250 °C

Die Eigenschaften von Kopal, einschließlich seines niedrigeren Schmelzpunktes, der geringeren Härte und der guten Löslichkeit, unterscheiden sich von den Eigenschaften des baltischen Bernsteins und ermöglichen dessen Identifizierung. Einige Tropfen Azeton machen die Oberfläche von Kopal klebrig. Wird er mit einem in Äther getränkten Baumwolltuch gerieben, hinterlässt das matte Schlieren bzw. eine klebrige Oberfläche. Das unterscheidet ihn deutlich von Bernstein: mit Äther abgerieben, zeigt dieser nach zwei Wochen nur geringe Veränderungen auf der Oberfläche.

Kopal ist farblos und hat nur manchmal eine nachgedunkelte Oberfläche. Für die Verarbeitung lässt sich Kopal in tonhaltiger Umgebung altern, wobei er hellgelb und hellbraun wird. Auf dem deutschen Markt gab es eine breite Palette an Erzeugnissen aus Kopal von der Südhalbkugel, der eine exzellente Imitation von

Bernstein ist, vor allem wenn eine extra Lackschicht sachgerecht aufgebracht wurde.

Der Name Kopal stammt aus einer südamerikanischen Indianersprache und bedeutet »Harzsäfte«. Kauri-Kopal oder Manila-Kopal unterscheiden sich allerdings deutlich von Kopal aus Kolumbien oder Südostasien. Sansibar-Kopal ist ebenfalls deutlich anders. Kopal aus Mizuni (Japan) wird als Bernstein bezeichnet und enthält viele organische Inklusen, ebenso wie der Kopal aus Nordmadagaskar. Seit 1981 ist unter Sammlern auch Kopal aus der Dominikanischen Republik bekannt, der in Cotui, in der Region Bayaguana, gefunden wird. Das Alter dieses Kopals wurde mit der Radiokarbonmethode ermittelt und beträgt nur 300 Jahre, obwohl anderen dominikanischen Harzen aus Bayaguana (die auch als Kopal bezeichnet werden) ein Alter von 15–17 Mio. Jahren zugeschrieben wird.

Die verbreitetsten Kopale werden entweder nach ihrem Fundort oder ihrem Mutterbaum benannt.

Brasilianischer Kopal und »Bernstein« aus Kolumbien stammen von unterschiedlichen Arten der Laubgehölzgattung Animebaum (*Hymenaea*) aus der Familie der Schmetterlingsblütengewächse (Leguminosae), ähnlich den Robinien. Kolumbianischer Kopal wird in einer Tiefe von 1 m in den Anden in den Regionen Santander und Boyacá (nördlicher Teil der Cordillera Occidental) gefunden.

Afrikanischer Kopal (s. S. 102) stammt meistens von *Hymenaea verrucosa*, wobei die Gattungen *Copaifera* und *Daniellia* aus derselben Familie ebenfalls als sein Ursprung angegeben werden. Gehölze aus der Gattung Aminebaum (*Hymenaea*) kommen an der Ostküste von Afrika und auf Madagaskar vor, ebenso in Amerika, von Nordmexiko bis ins südliche Brasilien in immergrünen tropischen Wäldern. Vor allem *Hymenaea verrucosa* wird heute zur Gewinnung von Harz für wirtschaftliche Zwecke genutzt. Die Produktion begann Ende der 1960er Jahre an der Küste Tansanias, am Südrand von Kenia, im Norden der Küste von Mosambik und an der Westküste von Madagaskar. Während der Regenzeit werden Stücke bis 2 kg aus dem aufgeweichten Boden bis in einer Tiefe von 1 m gefunden. Nach einer der ersten topografischen Karten der Region von 1859 wurde Kopal in Tansania im 19. Jahrhundert industriell produziert. Die Autoren der aktuellsten Studie über Kopal (Schlüter & Gnielinski 1987) schließen nicht aus, dass die Sedimente, in denen der »fossile Kopal«, wie sie ihn bezeichnen, vorkommt, aus dem oberen Pliozän (ca. 4 Mio. Jahre) stammen. Sein Mutterbaum wurde als Laubgehölz aus der Gattung Animebaum (*Hymenaea*) bestimmt. Der Kopal enthält zahlreiche tierische Inklusen.

Kopal kommt auch in Westafrika, in Sierra Leone, Angola und im Kongo vor. Kopal aus Tansania und dem Kongo wird als afrikanischer Bernstein bezeichnet; ebenso wie afrikanische Halsbänder aus künstlichem Harz.

Manila-Kopal stammt sowohl aus Indonesien als auch von den Philippinen. Es ist das Harz des Dammarbaums (*Agathis dammara*). Die Gattung Kauri-Baum (*Agathis*) gehört zur Familie der

Ein Stück philippinischer Kopal mit einer Masse von 3 120 g und einer Oberfläche, die teilweise wie verbrannt aussieht, was auf Kontakt mit vulkanischen Sedimenten deutet. Sammlung des Museums der Erde, Warschau
© M. Kazubski

Araukariengewächse (Araucariaceae), die natürlicherweise nur auf der Südhalbkugel vorkommt.

Kauri-Kopal ist das Harz des neuseeländischen Kauri-Baums (*Agathis australis*). Kauribäume (*Agathis*) sind die häufigste Nadelgehölzgattung der tropischen (Malaysia) und subtropischen Zone (Neuseeland). Die größten Vorkommen befinden sich an der Westküste von Neuseeland. Dies ist ein Gebiet, wo die Araukariengewächse (Araucariaceae) seit Tausenden von Jahren wachsen. Heute wird das Alter des ältesten Baumes auf 3 000 Jahre geschätzt. Stämme mit einem Durchmesser von 4 m und einer Höhe von 50 m sind nichts Ungewöhnliches. Harz kann über lange Zeit aus dem verwundeten Stamm eines Kauribaumes sickern und eine Masse von ca. 250 kg ergeben.

Manche bezeichnen als neuseeländischen Kauri-Kopal nur paläogene und neogene fossile Harze, während pleistozäne Harze »Kauri-Gummi« genannt werden. Letzteres ist eine hygroskopische

Substanz. Kauri-Gummi wurde seit 1840 nach England und in die USA zur Herstellung von Lack exportiert und war Neuseelands wichtigstes Exportgut, wobei man schlechtere Qualität zur Herstellung von Linoleum verwendete. Zwischen 1850 und 1950 wurden ca. 500 000 Tonnen dieses Rohmaterials verkauft. 1980 gingen 50 Tonnen Kauri-Gummi als Bestandteil für hochwertige Lacke für Musikinstrumente in den Export.

Ein großes, hartes und sprödes tropfenförmiges Stück Kauri-Gummi aus Neuseeland mit einem Loch, das von einem Ast stammt. Sammlung des Museums der Erde, Warschau © M. Kazubski

Die größte Sammlung dieser unterschiedlich alten Harze befindet sich im Otamatea Kauri Museum in Matakohe, in einem Gebiet mit Kauriwäldern im Nordteil der Nordinsel. Es ist durch Spenden von Sammlern entstanden und zeigt Rohharz, geschliffene Stücke, gepresste Stücke, Skulpturen und Modelle, wie das eines Leuchtturms sowie Souvenirs einschließlich gegossener Stücke mit künstlich eingebetteten Insekten, Schneckengehäusen und Farnwedeln (Gattung Frauenhaarfarn – *Adiantum*) (Currie 1997).

Ein Beispiel für Kopalerzeugnisse sind chinesische Figurinen aus dem 20. Jahrhundert, von denen manch einer dachte, sie bestünden aus Burmit, so wie einige aus der früheren Königsberger Sammlung, die mit IRS untersucht und erst 1994 identifiziert wurden. Hergestellt nach Stücken aus der Chien-Lung-Ära (1763–1795) wurden diese Objekte von der Firma China Bohlken, Berlin, 1934 erworben. Möglicherweise ist das auch jene Firma, von der eine chinesische Statuette im Schlossmuseum Malbork (Marienburg) stammt, die die Gottheit Kwan Yin mit einem Blumenkorb darstellt und denselben Stil wie die Königsberger Skulpturen repräsentiert, obwohl sie weder aus Kopal noch aus Succinit hergestellt wurde. Weitere Untersuchungen sind zwar erforderlich, aber möglicherweise ist dies die einzige Burmit-Skulptur in einer polnischen Museumssammlung.

Kolumbianischer Kopal

Vor einigen Jahren tauchten beachtliche Mengen von kolumbianischem Kopal auf dem polnischen Schmuckmarkt auf. Große Kopalstücke wurden auf Handelsausstellungen und als Dekoration in den Schaufenstern von Schmuckgeschäften ausgestellt. Vorsichtige Käufer, die achtsamer waren oder sich weniger auf ihr eigenes Urteilsvermögen verließen, hatten Proben des Materials untersuchen lassen. Auf der AMBERIF, der internationalen Bernstein-Handelsmesse in Danzig, bot die Firma Minar 2005 Rohkopal neben durch Autoklavieren gehärtetem Kopal als Halbfertigprodukte, Kugeln und geformte Stücke in unterschiedlichen Hellgrünschattierungen und auch in Gelb an. Ether löst diese nicht, aber die für Bernstein typischerweise fehlende Sprödigkeit schließt jeden Irrtum aus. Gleichzeitig kam Schmuck auf, der eher eine Imitation der Apfel-Varietät von Nephrit als von Bernstein war. Als Bernstein und nicht als Imitation verkauft, ist dies eine offenkundige Fälschung. 2004 wurden große Mengen von Gemmen, einige aus Bernsteinimitaten in der Form elliptischer Cabochons mit auf dem Boden eingravierten Skulpturen, als Bernstein angeboten. Mit bloßem Auge zu entscheiden, welche aus modifiziertem Kopal hergestellt wurden, ist kompliziert. Bei Untersuchungen mittels IR ergab sich bei einem der Cabochons eine Kurve, die denen der Proben der Firma Minar ähnelte. Diese ist stolz auf die von ihr entwickelte Härtungsmethode für Kopal, die die Grundlage der Halbfertigprodukte bildet, die sie verkauft, und verleugnet die Herkunft des Materials nicht.

Das Problem der Fälschungen wurde in der Zeitschrift Gems & Gemology in einem Artikel über »grünen Bernstein« angesprochen und 2009 veröffentlicht (Abduriyim et al. 2009, Kosmowska-Ceranowicz 2010 b). Das Forschungsziel der großen Autorengruppe war die Entwicklung einer mittlerweile sehr gesuchten Nachweismethode zur Unterscheidung natürlicher fossiler Harze und Kopale von gehärteten Harzen. Das Untersuchungsmaterial spiegelte einen typischen fernöstlichen Mangel an Interesse hinsichtlich der Herkunft der in der Schmuckindustrie verwendeten Bernsteinimitate wider. Wichtig dabei sind die Farbe des Materials und der organische – pflanzliche – Charakter. Käufer wollen sicher sein, dass das für den in Asien hergestellten »grünen Bernstein« verwendete Material pflanzlichen (organischen) Ursprungs ist, seien es Kopal, Bernstein im Sinne von Succinit oder andere fossile Harze, und sie fordern eine detaillierte Beschreibung der Imitation.

Die Autoren des Artikels untersuchten 44 Proben sowohl fossiler als auch subfossiler Harze von unterschiedlichen Kontinenten. Die meisten Proben (17) stammten aus Kolumbien und nur eine aus der Ostseeregion. Jede Probe wurde mit spektroskopischen Methoden untersucht: Fourier-Transformations-Infrarotspektroskopie (FTIR) und ^{13}C NMR (Kernmagnet-Resonanz); der eine Teil der Probencharge wurde vor der thermischem Behandlung im Autoklaven untersucht und der andere nach zwei- oder sogar mehrmaliger thermischer Behandlung. Die Interpretation der Kurven ist umstritten, regt aber zu weiterer Forschung an. Die praktische Schlussfolgerung der Autoren, dass »grüner Bernstein« oder wiederholt gehärteter kolumbianischer Kopal auf der Grundlage

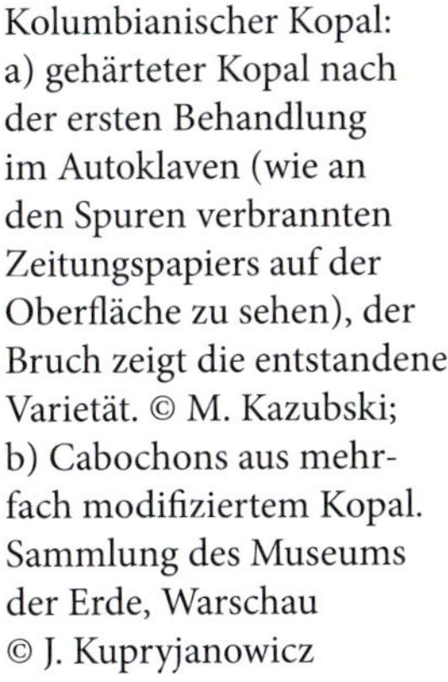

Kolumbianischer Kopal: a) gehärteter Kopal nach der ersten Behandlung im Autoklaven (wie an den Spuren verbrannten Zeitungspapiers auf der Oberfläche zu sehen), der Bruch zeigt die entstandene Varietät. © M. Kazubski; b) Cabochons aus mehrfach modifiziertem Kopal. Sammlung des Museums der Erde, Warschau © J. Kupryjanowicz

von FTIR-Kurven sicher zu identifizieren sind, bedarf weiterer Untersuchungen. Die 820 cm^{-1}-Bande, die auf eine langandauernde Behandlung im Autoklaven hinweisen soll, trat auch bei Tests vieler anderer natürlicher fossiler Harze auf, die nicht im Autoklaven modifiziert wurden.

In Polen durchgeführte Tests mit einem Nicolet-Spektrometer an Proben von natürlichem kolumbianischem Kopal und dreimal autoklaviertem ergaben deutliche Unterschiede zwischen den Spektren: bei autoklaviertem Kopal zeigte sich ein nahezu vollständiger Verfall der 886 – 888 cm^{-1}- und 1640 cm^{-1}-Banden, die bei natürlichem kolumbianischem Kopal deutlich zu erkennen sind. Je öfter ein entsprechendes Stück im Autoklaven war, desto schwächer wurden diese Banden (Kosmowska-Ceranowicz 2015).

Kolumbianischer Kopal; Stück einer großen natürlichen Tropfsteinform (871 g). Sammlung des Museums der Erde, Warschau © J. Kupryjanowicz

Kopal von der Insel Borneo

Harzstücke aus dem ostmalaysischen Bundesstaat Sabah erregten 2004 Aufmerksamkeit. Einige wurden bei der Behandlung mit Azeton klebrig, was auf Kopal deutet. Die Proben wurden bei Straßenarbeiten oder bei der Bewirtschaftung von Terrassen gefunden, sowohl in lockeren und verwitterten Schichten als auch in kompakten Schichten an den Hängen in trockenem Gelände. An felsigen oder moorigen Stellen ist man bisher nicht fündig geworden.

»Bernstein aus Sabah« hat ein breites Farbspektrum, von weiß über beige, hell- und dunkelgrün, cognacfarben, purpur, orange, rot, zitronengelb, unterschiedliche Schattierungen von braun bis zu schwarz. Er ist für gewöhnlich undurchsichtig. Die Größe der Proben ist unterschiedlich: von kleinen Stücken und walnussgroßen Klumpen zu unerhört großen von mehr als 30 kg. Dieses Harz entsteht auch heute noch. Man kann im Wald auf abgebrochene Baumstämme stoßen, aus denen riesige Mengen purpurfarbenen Harzes herausquellen. Das Sabah-Harz ist bei den lokalen Schmuckherstellern sehr populär und wird als Rohstoff für muslimische Gebetsketten gekauft. Es wird auch nach Deutschland und Großbritannien exportiert.

Kopalvarietäten aus dem malaysischen Bundesstaat Sabah, Insel Borneo (aus der Sammlung von Janusz Fudala). Sammlung des Museums der Erde, Warschau © M. Kazubski

Links: Grünlicher durchsichtiger Kopal aus Kolumbien. Sammlung Günter Krumbiegel © A. Krumbiegel

Rechts: Durchsichtiger Lemon-Kopal vom Visayas-Archipel, Philippinen, mit der namengebenden zitronengelben Farbe. Sammlung Günter Krumbiegel © A. Krumbiegel

Zwei Kopalproben wurden mit IR untersucht und ergaben Spektren, die ideal mit den Kurven des sog. Borneo-Bernsteins übereinstimmten (Kosmowska-Ceranowicz & Fudala 2006). Dieses Harz ist mit Glessit vergleichbar, der in Europa Bäumen aus der Familie der Burseraceae (Balsambaumgewächse) zugeordnet wird und in Asien der Familie der Dipterocarpaceae (Flügelfruchtgewächse) aus der tropischen Klimazone.

Hellbräunlich-gelblicher durchsichtiger bis durchscheinender Kopal aus Kolumbien. Sammlung Günter Krumbiegel © A. Krumbiegel

Bernsteinlagerstätten

Paläogene Lagerstätten

Eines der zwei größten Bernsteinstücke (2 050 g) in der Sammlung des Museums der Erde in Warschau in seiner ursprünglichen Form, Samland, Russland. © M. Kazubski

Zahlreiche Veröffentlichungen, die die Entstehung paläogener Succinitlagerstätten beschreiben, liefern falsche Informationen über ihren Typ – sie werden für gewöhnlich als primäre Lagerstätten charakterisiert. Andererseits können primäre Lagerstätten fossile Harze enthalten, die in autochthonen Braunkohlen vorkommen, z. B. in solchen, die in terrestrischer Umgebung abgelagert wurden, wo bernsteinbildende Wälder vorhanden waren. Die Harze Grönlands oder Glessit aus Malaysia und Indonesien kommen beispielsweise in Primärlagerstätten vor.

Succinitlagerstätten entstanden in der Natur infolge der Umlagerung der fossilen Harze aus der Entstehungsregion und Ablagerung (Sedimentation) in einer sekundären Lagerstätte. Vor ihrer endgültigen Ablagerung durchliefen sie eine mehr oder weniger lange Transportperiode und unterlagen der Diagenese. Bei Harzen, die sich in Bernstein umwandelten (Hypergenese) betraf dies z. B. die Art der Entstehung in Hinblick auf die chemischen oder physikochemischen Prozesse an der Oberfläche der Erdkruste, es ging um Iso- und Polymerisation, Oxydation oder sogar Reaktionen, die durch bakterielle Aktivität hervorgerufen wurden.

Ein einmaliges Bernsteingeröll aus der Ostsee (1200 g). Das Stück stammt aus einer paläogenen Lagerstätte, wurde im Quartär zurückverlagert und nach weiterem Transport bei einem Sturm an den Ostseestrand gespült. Sammlung des Museums der Erde, Warschau © M. Kazubski

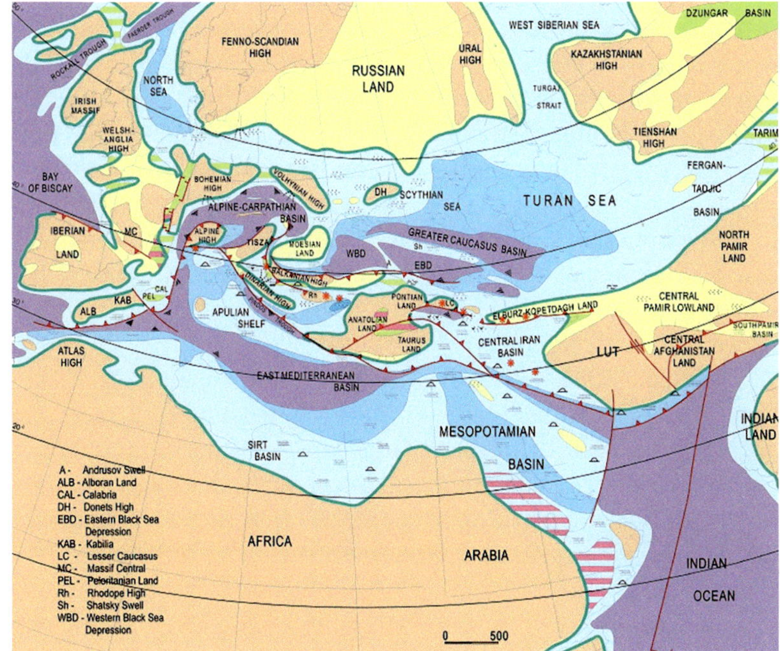

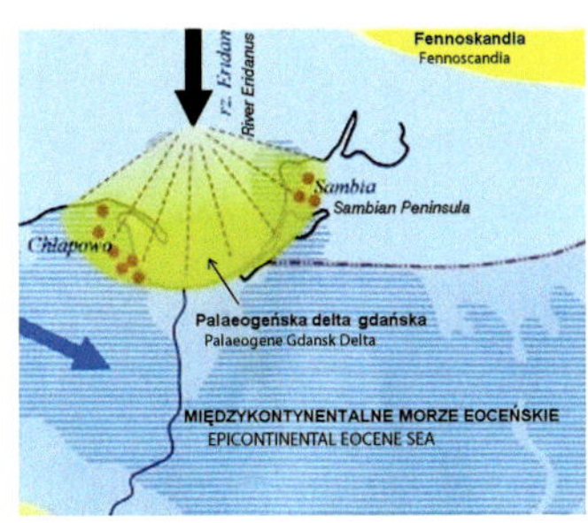

Karten, die die Ablagerung des Bernsteins auf dem Meeresboden darstellen
Links: Ausschnitt einer paläogeografischen Karte der Paratethys-See, die die Ablagerung des Bernsteins in einem marinen Reservoir im späten Eozän (Paläogen) illustriert (nach Popov et al. 2004);
Rechts: die paläogene Danziger Bucht (Kosmowska-Ceranowicz 1995).

Es scheint jedoch so zu sein, dass die letzte Umwandlungsstufe der Harze unter mariner Umgebung erfolgen musste, um sich in Succinit zu verwandeln. Man findet keinen Succinit, wo das Harz bis zum Schluss an Land blieb. Die übrigen, unter terrestrischen Bedingungen umgewandelten Harze werden sowohl mit Mineral- als auch mit Regionalnamen bezeichnet oder generell nur »andere fossile Harze neben Succinit« genannt.

Das Harz von Nadelbäumen wurde vor mindestens 40 Mio. Jahren durch Flüsse von Skandinavien und teilweise aus dem heutigen Baltikum nach Süden transportiert. Es wurde im Paläogen in den Sedimenten eines eher flachen Schelfmeeres abgelagert, das eine Verbindung zur Nordsee hatte und als paläogene Danziger Bucht, in früheren Beschreibungen auch als Chłapowo-Samland-Delta, bezeichnet wird. Aus dem Meer, das zu dieser Zeit ein großes Gebiet des heutigen Europas bedeckte, erhoben sich wegen seiner geringen Tiefe viele Inseln.

Die bernsteinführenden Schichten des Samlands, die eine Lagerstätte im Delta des von der Autorin 1989 Eridanus bezeichneten Flusses bildeten, werden von den deutschen Geologen als »Blaue Erde« bezeichnet (Kosmowska-Ceranowicz & Konart 1989).

Nach neuesten Berichten russischer Geologen belaufen sich die Bernsteinvorkommen bei Jantarny (Palmnicken) auf 132 000 Ton-

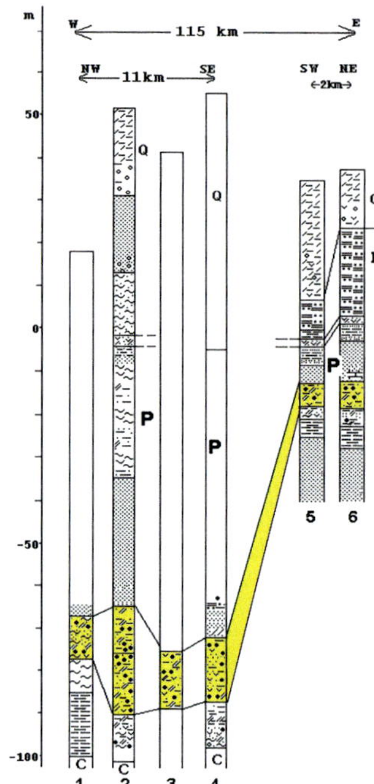

Bohrprofile aus der bernsteinführenden Danziger Bucht (Kosmowska-Ceranowicz 1995)
1 – Karwia (Karwen),
2–4 Chłapowo (Chlapau),
5–6 Tagebau Primorskoje in Jantarny (Palmnicken, Samland).
C – Kreide, P – Paläogen,
M – Miozän, Q – Quartär.
Gelb – Blaue Erde

nen (Kharin et al. 2004). Das in Hinblick auf Bernsteinförderung ertragversprechende Gebiet, welches das Samland und den südöstlichen Teil der Ostsee umfasst, ist 700 km² groß. Das Alter der bernsteinführenden Sedimente wurde vielfach untersucht, und gegenwärtig wird angenommen, dass sie im späten Eozän entstanden sind.

Der polnische Anteil der Lagerstätte, in den Chłapowo (Chlapau) Bohrprofilen I, II und III, wurde auf 643 820 Tonnen, bei einem Bernsteinanteil von 132 bis 5 976,79 g/m³ in unterschiedlichen Schichten geschätzt.

Die Blaue Erde des Samlands (Preußen-Formation) lässt sich klar von anderen geologischen Formationen unterscheiden. Sie enthält bernsteinführenden schluffig-tonigen Sand mit Glaukonit. Normalerweise ist Glaukonit ein grünes Mineral, aber zusammen mit schluffig-tonigen Sedimenten, vor allem mit trockenem schluffig-tonigem Sediment, entsteht ein bläulicher Farbton. Der Glaukonitanteil der samländischen paläogenen Lagerstätten unterscheidet sich in Bezug auf die anderen Bestandteile des Sediments. In den unteren Schichten der »Wilden Erde« (Alsk-Formation) schätzte V. Katinas sie auf ca. 50 % und in den jüngeren Schichten der »Grünen Wand« (Palvesk-Formation) auf 38 %. Die Schätzung des Autors in Bezug auf 100 % durchsichtiger Minerale in der »Grünen Wand« beträgt für Glaukonit bis 30 % und in der Blauen Erde bis 11,5 % in der schweren Fraktion (Katinas 1971). Bernstein wird in der Samländischen Lagerstätte im Tagebau aus einer Tiefe von meist 50 m gefördert. In dieser Gegend wurde Bernstein schon in prähistorischen Zeiten gewonnen. Seit dem 17. Jahrhundert wird die Förderung dokumentiert, und sie setzte sich kontinuierlich bis in die Gegenwart fort. Im polnischen – westlichen – Teil der Danziger Bucht, zwischen der Umgebung von Danzig und der Stadt Karwia (Karwen, Krs. Putzig) befindet sich die Lagerstätte in ca. 120 m Tiefe, weshalb eine Förderung gegenwärtig unmöglich ist.

Im Samland gewinnt man den nach Größenklassen sortierten Bernstein bei der Trennung des Rohmaterials vom abgebauten Sediment. Das erste Sieb, das das bernsteinführende Sediment passiert, hat runde Löcher von 50 mm Durchmesser. Der Bernstein wird aus diesem Sieb per Hand ausgelesen. Heute macht dies nur einen geringen Teil des Materials aus, das zu Spitzenzeiten in Mengen von bis zu 800 Tonnen im Jahr gefördert wurde.

Den Stücken nach zu urteilen, die sich im Museum des Bernsteinwerks von Jantarny (Palmnicken) und im Kaliningrader (Königsberger) Bernsteinmuseum befinden, werden solche Stücke

Bernsteintagebau »Primorskoje« in Jantarny (Palmnicken), Samland, 2010. © B. Kosmowska-Ceranowicz

nicht zur Weiterverarbeitung aussortiert. Es ist hingegen Bernstein der Fraktion 23–32 mm, der 13,4 % der Produktion ausmacht und der für die Serienproduktion verwendet wird. Höhere Größenklassen des Rohbernsteins werden nur für die Herstellung von Unikaten verwendet.

Verteilung der Bernsteinfraktionen aus paläogenen Lagerstätten des Samlandes (geschätzt auf Grundlage einer Mustercharge von mehr als 400 Tonnen im Jahr 2000, nach Kostiashova 2007)

Fraktion	Masse (Tonnen)	%
über 32 mm	21	4,7
32–23 mm	58,6	13,4
23–16 mm	57,6	13,1
16–14 mm	49,1	11,2
14–8 mm	75	17,1
unter 8 mm	178	40,5
nicht klassifiziert	2,5	-

Ein Stück Bernstein in der Hand von Geologen aus Kiew – Teilnehmer des wissenschaftlichen Symposiums zur Bernsteingewinnung und -verarbeitung im Samland in Kaliningrad (Königsberg). 2010 beim Besuch des Tagebaus in Jantarny (Palmnicken), Samland. © B. Kosmowska-Ceranowicz

Die Oberfläche des aus den samländischen Lagerstätten stammenden Bernsteins ist in der Regel unverwittert. Die Ursache dafür ist das schützende umgebende Milieu, da der Bernstein unter konstanter Feuchtigkeit unterhalb des Grundwasserspiegels lagert. Darüber hinaus wurde er in die samländische Lagerstätte durch einen Fluss transportiert, und zwar, als er oft noch in den Baumstämmen eingebettet war. Die Schutzschicht, die das Holz bildete und die den Bernstein umschloss und manchmal das tonige Material, das den Bernstein »verputzte«, bewirkten zusammen mit der geringen Entfernung zwischen dem Bernsteinwald und der Lagerstätte, dass die samländische Lagerstätte frische oder nur leicht umgewandelte Formen enthält. Sehr große stark erodierte Stücke und solche, die ihre natürliche Form vollständig verloren haben, sind in den samländischen Lagerstätten eine Seltenheit.

Darstellung der Trennung des im Tagebau »Primorskoje« gewonnenen Bernsteins von der Blauen Erde im Bernsteinkombinat Jantarny (Palmnicken). Zeichnung M. Kazubski

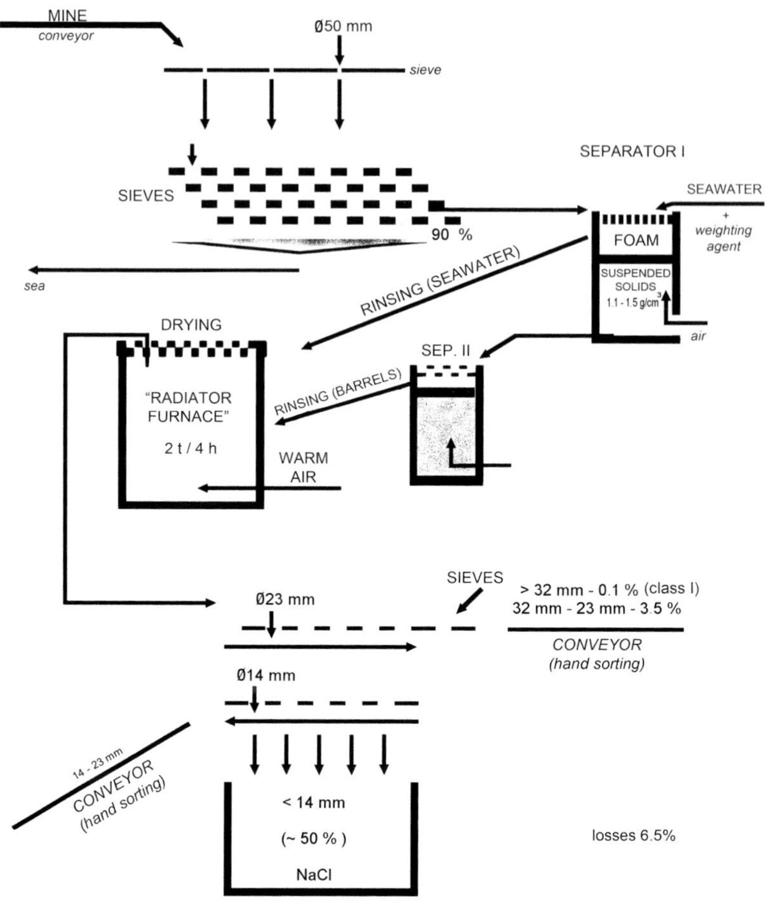

Die größten Lagerstätten von baltischem Bernstein im Samland werden im Tagebau Primorskoje bei Jantarny (Palmicken) abgebaut, wo die eozäne Blaue Erde in einer Tiefe von 50 m abgelagert wurde (Kosmowska-Ceranowicz et al. 1997). Die Plashovaya Mine, die wirtschaftlich wesentlich effizienter war, da die bernsteinführende Erde dort aus einer Tiefe von nur 10 – 12 m gefördert wurde, und wo man 1972 450 Tonnen Rohbernstein gewann, wurde 2001 geflutet. Außerdem wurde Bernstein unweit des Dorfes Moromskoje (Laptau) im Samland von armen Leuten in Stollen illegal abgebaut; eine ähnliche Förderung ging in privaten und militärischen Schächten weiter, die in ein Kliff an der samländischen Nordküste getrieben wurden. In den letzten Jahren kann die illegale Ausbeute sogar größer gewesen sein als die Menge aus den staatlichen Minen.

Bernsteintagebau in Klesow, Ukraine:
a) Gesamtansicht. © B. Kosmowska-Ceranowicz;
b) Spuren illegalen Abbaus durch Druckspülen. © R. Kramarska

Succinit, der ebenso gut bearbeitbar wie der aus dem Ostseeraum ist, stammt auch aus den Lagerstätten, die ebenfalls im Paläogen an der Südküste des eozänen Schelfmeeres entstanden sind (Kosmowska-Ceranowicz 1995, Kosmowska-Ceranowicz et al. 1990, Gazda 2016). Über das Vorkommen von Bernstein in der polnischen Region Lublin berichtete bereits Antoni Giedroyć, der sich dabei auf

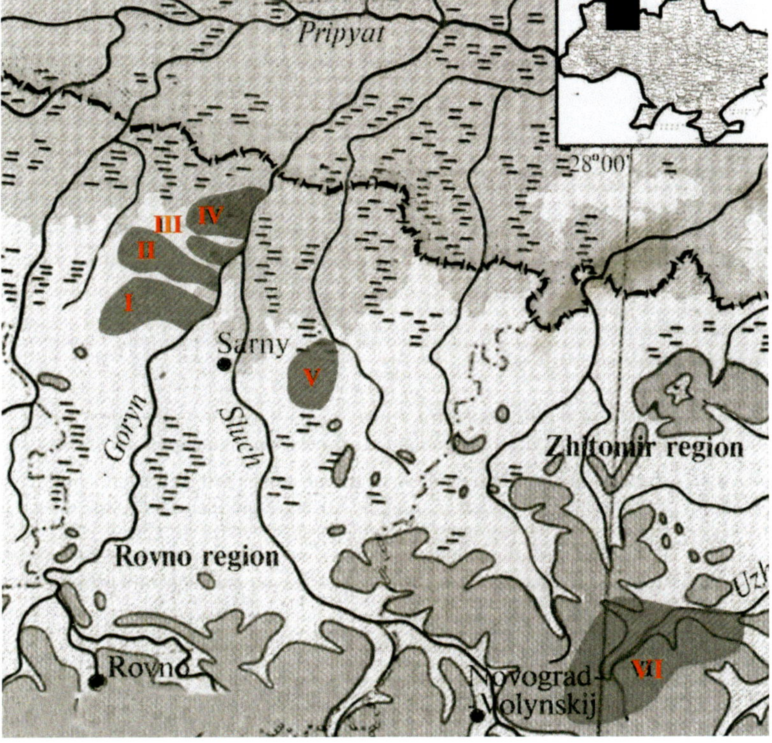

Karte der Bernsteingewinnung in der ukrainischen Gegend von Polesie (Perkovski et al. 2003). Bernsteinführende Gebiete:
I – Wolodymyrez,
II – Wolnoje,
III – Dubrowiza,
IV – Zolotoje,
V – Klesow,
VI – Barashi

Untersuchungen von 1886 bezog (GIEDROYĆ 1886). Heute wird die »Górka Lubartowska« Lagerstätte von der Firma Stellarium sp. z.o.o. ausgebeutet. Für die Lagerstätte »Niedźwada Kolonia« wurde bereits eine umfangreiche Dokumentation erstellt, die Angaben zur Ressourcengröße enthält. Die Ressourcenschätzungen unterscheiden sich stark, allerdings ist sicher, dass sich im Parczew-Delta eine Lagerstätte in geringer Tiefe (10–24 m) mit einer bernsteinführenden Schicht von durchschnittlich 7 m Mächtigkeit befindet. Bei der Konferenz von 2015 in Chełm-Depułtycze ging es nicht nur darum, die Forschungsergebnisse über diese Lagerstätten zusammenzufassen, sondern es verband sich damit auch die Hoffnung, dass mit der von der Schmuckindustrie so ersehnten Förderung begonnen werden kann (GAZDA 2016).

Die intensiven Erkundungsuntersuchungen und Ertragsschätzungen, die in der Ukraine von 1989 bis 1992 auf dem »Pugach«-Areal in Klesow erfolgten, ermöglichten dem staatlichen Unternehmen »Ukrbursztyn« die Bernsteingewinnung im Tagebau. Von 1993 bis 2009 wurde die Klesower Lagerstätte im Pugach-Teil zusammen mit einer bis 2003 ausgebeuteten Mine in Dubrowiza abgebaut. 1995 begann die Produktion in der Lagerstätte »Wolnoje« ebenfalls im Tagebau bis zu einer Tiefe von 12 m. 2006 starteten Erkundungsarbeiten in der Region Wolodymyrez, wo kleine, aber sehr feste Bernsteinstücke im Dorf Romeyki gewonnen wurden. Aktuell baut kein privates Unternehmen Bernstein in dieser Gegend ab.

In der Ukraine befinden sich die Lagerstätten flach genug unter der Erde, sodass der Bernstein je nach Niederschlagsdargebot in Schichten mit unterschiedlichem Feuchtegehalt vorkommt. Dies macht ukrainischen Bernstein aufgrund seiner dünnen braunschwarzen, abblätternden Verwitterungsschicht unterscheidbar. Die ukrainischen bernsteinführenden Schichten sind für das ungeübte Auge nicht so offenkundig wie die Blaue Erde. Illegaler Abbau breitet sich wie ein Lauffeuer in den Wäldern rund um Maniewicze nach Nordwesten aus, was auf die Häufigkeit solcher Vorkommen hinweist. In der Fachliteratur ist ukrainischer Bernstein auch als Rovne-Bernstein bekannt (z.B. PERKOVSKI et al. 2003).

Der Succinit aus Mitteldeutschland kommt in jüngeren Lagerstätten vor als der im Ostseeraum und in der Ukraine (Oberoligozän – Untermiozän). Die Bernsteinlagerstätte im Tagebau Goitsche bei Bitterfeld entstand während der Meeresingression in der Leipziger Tieflandsbucht am Übergang vom Oligozän (Neochatt) (nach BLUMENSTENGEL & VOLLAND 1999). Das Harz wurde vom benachbarten Land im Süden antransportiert und in tonigen, kalkfreien grau-schwarzen schluffigen Sanden mit hohen Anteilen an Muskovit, feinverteiltem pflanzlichem Detritus und Braunkohlenanteil abgelagert. Die paläogene marine Umgebung ist durch geringe Mengen Glaukonit und das Vorkommen von marinem Plankton belegt. Die bernsteinführenden Schichten befinden sich unter dem miozänen Bitterfelder Braunkohlenflöz und gehören altersmäßig bereits ins Oberoligozän (Chatt). Im Braunkohlentagebau Goitsche bei Bitterfeld wurde Bernstein, der als sächsischer oder Bitterfelder Bernstein bekannt ist, 1974 entdeckt. Die Bernsteingewinnung im Tagebaubetrieb fand 1990 wegen der starken Staubbelastung für die angrenzende Gegend ihr Ende. Nach beginnendem Grundwasserwiederanstieg führte man die Bernsteingewinnung mittels Schwimmbagger bis zur endgültigen Einstellung aus wirtschaftlichen Gründen im März 1993 fort. Danach erfolgten die Sanierung und Flutung des Tagebaurestloches. Die Jahresproduktion von Bernstein erreichte einmalig (1983) bis maximal 50 Tonnen. Danach sank die Förderung auf ca. 12 Tonnen im Jahr 1990 (Kosmowska-Ceranowicz & Krumbiegel 1989, 1990a, Wimmer et al. 2004, Ziegler & Liehmann 2007).

Bitterfelder Bernsteinfolge am nordwestlichen Rand der Niemegker Subrosionssenke im ehemaligen Braunkohlentagebau Goitsche bei Bitterfeld (1995): Die Oberen Bitterfelder Glimmersande werden überlagert: vom Flöz Bitterfelder Unterbegleiter (BIUB) – nach Blumenstengel & Volland (1999) der Flözgruppe Breitenfeld zugehörig; vom Friedersdorfer Bernsteinschluff (FRSU), von den Bitterfelder Bernsteinsanden und dem Bitterfelder Bernsteinschluff. © R. Wimmer

Bernstein aus der Goitsche wurde von einem bernsteinverarbeitenden Betrieb, dem damaligen VEB Ostseeschmuck in Ribnitz-Damgarten, verarbeitet. Zu DDR-Zeiten waren seine Erzeugnisse nicht hinsichtlich der Herkunft des Materials gekennzeichnet. Neuigkeiten zum Bernstein blieben ebenso wie solche über andere Rohstoffe geheim. Heute gibt es hingegen umfangreiche Literatur zu diesem Thema.

Nach dem Fall der Mauer in Deutschland begann eine Diskussion über Alter und Herkunft der Bitterfelder Lagerstätte. Man tendierte dazu, die Herkunftsgebiete der fossilen Harze im Süden oder im Norden (Rückverlagerung aus dem Samland) entsprechend den unterschiedlichen Thesen anzunehmen, jedoch war klar, dass die Geologen dies zu entscheiden hatten. Die Ergebnisse umfangreicher Untersuchungen bildeten die Themen dreier Tagungen in Bitterfeld unter Beteiligung polnischer Geologen im Juni 2004, im September 2008 und im Mai 2013 vorgestellt (Wimmer et al. 2004, Rascher et al. 2008, 2013). Auf der ersten Tagung wurden das Alter der Lagerstätte bestimmt und das paläogene Weichseldelta als Ursprung des sächsischen Bernsteins ausgeschlossen. Das zweite Treffen war dem Bernstein als solchem gewidmet und ebenfalls neuesten geologischen Erkenntnissen. Schwerpunkte der dritten Tagung waren Bernstein (Succinit) und Vorkommen anderer fossiler Harzarten in Mitteldeutschland. Die

Links: Ein BELAS-Dumper wird durch einen Greifbagger mit bernsteinhaltigem Schluff im Tagebau Goitsche beladen (Trockenabbau). Foto R. Bär, © Lausitzer und Mitteldeutsche Bergbau-Verwaltungsgesellschaft (LMBV)

Mitte: Schwimmbagger zur Gewinnung des bernsteinhaltigen Schluffs unter Wasser (Nassabbau). Foto R. Bär, © Lausitzer und Mitteldeutsche Bergbau-Verwaltungsgesellschaft (LMBV)

Rechts: Anlage zur Nassaufbereitung des unter Wasser gewonnenen bernsteinhaltigen Schluffs im Tagebau Goitsche. © G. Krumbiegel

akzessorischen Harzarten in der Bitterfelder Lagerstätte, ihr Fehlen im Norden und die Eigenschaften des Bitterfelder Bernsteins sind ein positiver Beweis gegen den Ursprung aus einer Umlagerung des Materials von der Nordküste des eozänen Schelfmeeres. Auch die Diskussionen zwischen den Paläoentomologen waren sehr lebhaft, ungeachtet der Tatsache, dass die bis heute nicht nur in Bitterfelder Bernstein gefundenen Arthropoden bisher noch nicht als Leitfossilien betrachtet werden. Das konstante Vorkommen sehr konservativer Gattungen, wie die Familie Sciaridae (Trauermücken) und Ceratopogonidae (Gnitzen), die sowohl in Bitterfelder als auch in baltischem Bernstein gefunden wurden, beweist nicht, dass die Sedimente, die baltischen und Bitterfelder Bernstein enthalten, zur selben Zeit entstanden sind. Der Unterschied von 10 bis 14 Mio. Jahren, der die Bildung der Succinitlagerstätten in geografisch separate Regionen trennt, muss sich nicht durch das Vorkommen neuer Arthropodengattungen oder das Fehlen früher lebender äußern.

In der Folge konnte die Eigenständigkeit des Bitterfelder gegenüber dem baltischen Bernstein anhand sehr unterschiedlicher Methoden immer wieder bestätigt werden, wie z. B. durch geochemische Untersuchungen (Wolfe et al. 2016) oder die Auswertung von tierischen Inklusen (Ahrens et al. 2019).

Pleistozäne und holozäne Lagerstätten

Da der baltische Bernstein unter den schützenden Bedingungen der eozänen Blauen Erde lagerte, ist er nicht so spektakulär wie derselbe Bernstein, der aus jüngeren pleistozänen und holozänen Lagerstätten gewonnen wird. Letzterer hat eine Umwandlung während des natürlichen Transports durch Flüsse, Gletscher oder das Meer erfahren und ist deshalb mit seinen satten Farben und wegen

Links: Blick vom »Bitterfelder Bogen« über den gefluteten ehemaligen Tagebau Goitsche in Richtung Mühlbeck, nordöstlich Bitterfeld. © A. Krumbiegel

Rechts: Blick vom Pegelturm bei Mühlbeck auf die »Villa am Bernsteinsee«. © A. Krumbiegel

der natürlichen Klärung oder einer auf dem Transport erworbenen dunkleren Schicht viel schöner.

Das bernsteinführende paläogene Weichseldelta war wiederholt natürlicher Zerstörung ausgesetzt (Erosion), wodurch bedeutende Bernsteinmengen aus dem Umkreis des Deltas wegtransportiert wurden (Kosmowska-Ceranowicz 1995a). Im Samland stößt man in den jüngeren tertiären Sedimenten der oligozänen oder miozänen Lagerstätten kaum jemals auf Bernstein. Die größte Zerstörung ereignete sich allerdings erst im Pleistozän während der letzten Million Jahre. Die aufeinanderfolgenden Vereisungen haben die jeweils älteren Schichten abgetragen und sie in umgekehrter Reihenfolge abgelagert. Und daher scheint sich die größte Ansammlung von Bernstein in den Sedimenten der jüngsten (Weichsel-) Eiszeit zu befinden.

Bernstein wurde auf glazialem, fluvioglazialem und fluvialem Weg ins Gebiet von Lettland, Litauen, Weißrussland, Polen, Deutschland, auch nach Jütland und an die Südküste Skandinaviens und sogar bis an die Ostküste der Britischen Inseln transportiert. Dieser Prozess erfolgte auf zweierlei Weise. Im ersten Fall wurden ganze Packungen der Blauen Erde mit intakter Struktur über weite Entfernungen als sogenannte Schollen, eingebettet in den Gletscher, transportiert. In Deutschland befinden sich Beispiele für die Blaue Erde in Eberswalde und Stubbenfelde auf Usedom, wo die bernsteinreiche Scholle (durchschnittlich 0,357 kg/m^3, maximal 1,48 kg/m^3) als miozänen Ursprungs beschrieben, ihr samländischer Ursprung aber nicht ausgeschlossen wurde.

In Polen fand man solche Schollen in Bursztynowa Góra (Bernsteinberg bei Ober Kahlbude), in Zielnowo (Sellnowo) bei Grudziądz (Graudenz), in Możdżanowo (Mützenow) bei Ustka (Stolpmünde) und kürzlich in Kleczew (Lehmstädt) bei Konin. Die Minen von Możdżanowo wurden bereits in Chroniken aus dem 18. Jahrhundert erwähnt. Schächte bis in ca. 22 m Tiefe wurden dort zur Bernsteingewinnung genutzt. Allerdings konnte die Mine in Możdżanowo der wachsenden Konkurrenz des Samlands nicht standhalten. Das Interesse an der vergessenen Lagerstätte in Możdżanowo erwachte allerdings 1957 wieder und erneut in den 1970er Jahren. Ihre Kapazität wurde auf ca. 20 Tonnen geschätzt.

Als vor einigen Jahren an einer Braunkohlenmine in Kleczew (Lehmstädt) bei Konin Abraum entfernt wurde, stieß man in 36 Metern Tiefe auf eine Scholle Blauer Erde. Wegen fehlender Dokumentationen ist es allerdings unmöglich, die Gerüchte über den Wert oder die tatsächliche Größe des Bernsteinfundes zu

Bernsteingewinnung auf der Weichselsandbank: Fässer, die von einem Bernsteingräber gefüllt werden; Teil von Olaus Magnus' Karte »Carta marina ...« 1539. Archiv des Museums der Erde, Warschau

überprüfen, der von der Abraumhalde aufgesammelt und aus dem Kofferraum heraus verkauft wurde. Der zweite Transportweg kann als Dispersion bezeichnet werden: Bernstein wurde in Form von Geröllen in glazialem Geschiebemergel und als fluvioglaziale Kiesel oder als Körner in pleistozänem Sand verfrachtet.

Es ist im Prinzip unmöglich, Bernsteinvorkommen in pleistozänem Sand oder Ton durch normale geologische Erkundung zu finden, obwohl Bernstein theoretisch, wie skandinavische erratische Blöcke, in jeder Art Sediment vorkommen kann.

Karten über Bernsteinvorkommen in verschiedenen europäischen Ländern dokumentieren die insgesamt erstaunlich weite Verbreitung. Wenn die geringe Dichte und Härte von Bernstein den Transportbedingungen, den Klimaänderungen und dem gemeinsamen Vorkommen mit häufig grobkörnigen klastischen glazialen Sedimenten gegenübergestellt werden, überrascht das Vorkommen von Bernstein in so großer Entfernung von seinem Ursprungsort umso mehr. In Polen wurde Bernstein an mindestens 750 Stellen abseits der Ostseeküste, gefunden.

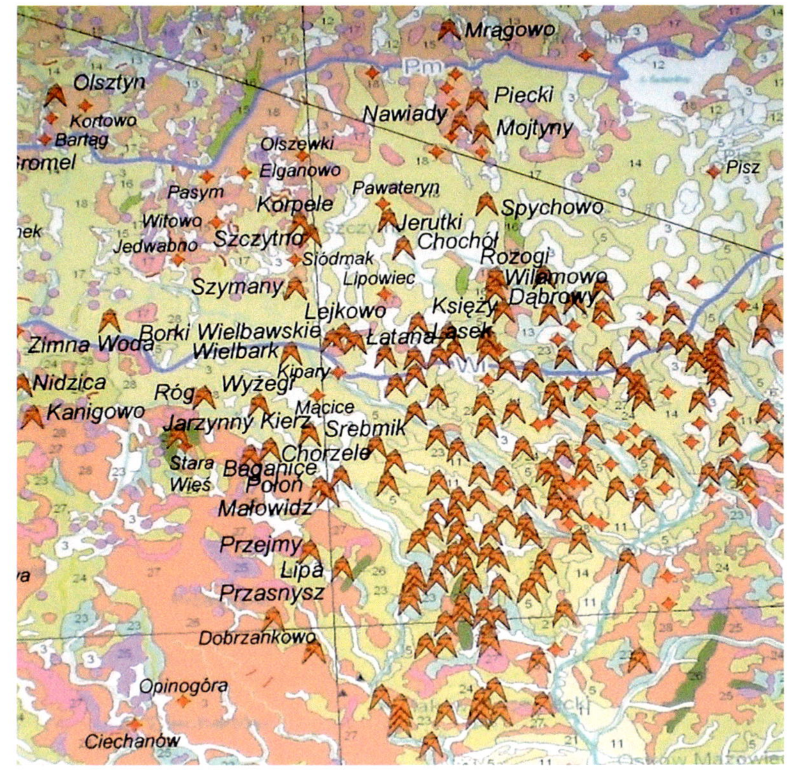

Ausschnitt einer geologischen Karte mit Bernsteinfundorten (Dreiecke) und früheren Minen (Rhomben). In der polnischen Kurpie-Region hängt die Häufung mit den Gletschersedimenten zusammen (hellgelb). Karte L. Łazowski 2010

Es ist sehr aufschlussreich, dass sowohl die größten Bernsteinstücke, die in der wissenschaftlichen Literatur dokumentiert sind, als auch alte Stücke in Museen aus pleistozänen und holozänen Lagerstätten stammen, ebenso wie das feinere Material, was die große Ausdehnung ihres Wiederablagerungsgebietes verdeutlicht. Erst nach dem Zweiten Weltkrieg tauchten Stücke aus Minen, wo der Bernstein über Millionen Jahre gelagert hatte, als Sammlerstücke auf.

Bernsteinfischen aus der Ostsee zwischen Mikoszewo (Nickelswalde) und Jantar (Pasewark), Polen, 2016. © E. Popkiewicz

In Greifswald befindet sich in der Ausstellung des Universitätsmuseums ein Geröll von 3212 g (ein »Laib« von 28 cm Länge), das 1932 am Strand von Osetnik (Stilo) bei Łeba (Leba) gefunden wurde.

1983 sah die Buchautorin in Stuttgart-Feuerbach auf einer Ausstellung von Erzeugnissen der Bernsteinmanufaktur Köllner aus Königsberg (Stuttgarter Bernstein-Manufaktur [früher Köllner & Co.]) ein rundes, 3 kg schweres Bernsteingeröll, in Form eines »Kopfes« mit abgebrochenem »Halsstumpf« – eine undurchsichtige Bernsteinvarietät, hellorange mit einer dunkleren Kruste. Leider standen auf dem Herkunftsetikett nur die Worte »aus dem Ausland«. Über viele Jahre verarbeitete diese Firma nach dem Zweiten Weltkrieg Bernstein aus dem Samland und später auch solchen aus der Goitsche und verkaufte ihre Erzeugnisse vor Ort. In der zweiten Hälfte der 1990er Jahre besuchten zahlreiche Mitarbeiter dieser Firma die AMBERIF Bernsteinmesse in Danzig, wo sie Fertigerzeugnisse erwarben, um sie in Stuttgart zu verkaufen. Solche Geschäfte waren zugegebenermaßen profitabler.

Sowohl im Holozän als auch heute war und ist Bernstein Stürmen ausgesetzt, während derer er verfrachtet und an die Strände der Ostsee gespült wurde und wird. Es lässt sich sehr schlecht schätzen, wie viel Rohbernstein bei heftigen Stürmen, die sich nur sehr selten ereignen, von den Wellen angespült werden. Und nur einmal während vieler Jahre kommt es zu einem Sturm, der stark genug ist, viel Bernstein an den Strand zu spülen. Nach Angaben aus dem 18. Jahrhundert wurden 90–237 Barrel Bernstein im Ostseeraum gewonnen (ein Barrel entsprach 129–136 Liter).

An der Küste von Schonen werden jährlich nur 30 kg Bernstein angespült. In Dänemark, an den Weststränden von Jütland fällt Bernstein von hohen Kliffs bei Regenwetter herunter. Die große Sammlung von Peder Laursen, einem Hobbybernsteinsammler, enthält viele Bernsteingerölle, von denen die größten mehr als ein halbes Kilo wiegen (756, 643 und 543 g).

Das typische Merkmal von Bernstein, dessen Oberfläche während des holozänen Transports überformt wurde, ist, dass er infolge seines Aufenthalts in der Wellenzone glatt oder sehr glatt geschliffen und teilweise abgeflacht wurde. Die äußere Verwitterungsschicht, die auf natürliche Weise entfernt wurde oder manchmal auch die Skelettreste von Seepocken (*Balanus*) oder Moostierchen (*Membranipora*) sind ein klarer Beweis, dass er die letzte Etappe seines Weges in der Ostsee zurückgelegt hat.

Und als Dünen die früheren Strände zu verschütten begannen, fand sich der Bernstein unter speziellen Bedingungen wieder, die Bernsteinkünstler heute mit Hilfe von hohen Temperaturen zu simulieren versuchen, um interessantere als die primären Varietäten zu erhalten. Erhitzt im heißen Sand und durchnässt vom Regen erhalten die Bernsteinklumpen intensivere sekundäre Farben bis hin zu rot, und die Oberfläche wird von einer dicken Verwitterungskruste überzogen.

Untersuchungen in den Danziger Stadtteilen Wisłoujście (Weichselmünde) und Górki Zachodnie (Westliche Neufähr) in den Jahren 1972–1973 ermöglichten die Funde von Bernsteinansammlungen in Sedimenten, die aus den Anfängen der Ostsee, aus der Zeit der Transgression und späteren Regression des Litorina-Meeres stammen und von Dünensand bedeckt sind. Die bernsteinreichste 8 m mächtige Schicht mit dünnen Torfeinlagerungen befindet sich in einer Tiefe von 12 bis 14 m. Sie enthält von Pflanzen überwachsenen Sand, der bei Sturm von den Wellen ausgewaschen wurde. Die Pflanzen lieferten für den Bernstein insofern günstige Bedingungen, als er in der Küstenzone verblieb und nicht abdriften konnte.

Bernsteinerkundung in holozänen Lagerstätten und entdeckte Bernsteinressourcen*

Jahr	Erkundungsgebiet	Anzahl der Bohrungen (laufende Meter – lm)	Ressourcen
1970	Gdańsk Jelitkowo (Danzig Glettkau) Brzeźno (Danzig Brösen)	5	geringe Ressourcen in 2 Bohrungen
1972	Gdańsk Wisłoujście (Danzig Weichselmünde)	52 (559,2 lm)	178 Tonnen
1973	Gdańsk Górki Zachodnie (Danzig Westliche Neufähr)**	11 (175,8 lm)	12 Tonnen (0,4 t/ha), 240 g/m^2
1974	Ostrowo (Ostrau), Kreis Puck (Putzig)	50 (477 lm)	sehr seltenes Vorkommen in 9 Bohrungen
1974	Gdańsk Sobieszewo-Komary** (Danzig Bohnensack-Schnakenburg)	50 (302,4 lm)	21 Tonnen (0,4 t/ha)
1976	Żarnowieckie (Zarnowitzer) See, Gemeinde Wierzchucino (Wierschutz)	49 (490 lm)	geringe Mengen in 13 Bohrungen
1976	Woiwodschaften Słupsk (Stolp), Danzig, Elbląg (Elbing)	63 Proben (608 lm) und 163 Pumpenlöcher (1 222 lm)	teilweise positive Bohrlöcher in den Regionen Jantar (Pasewark), Krynica Morska (Kahlberg), Weichseldelta, Jelitkowo (Glettkau), Breźno (Briesen bei Schivelbein), Ostrowo (Ostrau)
1981–1985	Weichselsandbank und Weichseldelta	600	Bernstein wurde in 18 % der Bohrlöcher gefunden
1996	Wiślinka** (Wesslinken)	hydraulische Methode	0,6 t/ha
1997	Borek bei Darłowko (Rügenwaldermünde)		0,2 t/ha
2005, 2006 2014	Stegna (Steegen) Sztutowo (Stutthof) Gdańsk Przeróbka (Danzig Troyl)	34	ca. 10 + 8 Tonnen 17 Tonnen Industriequalität

* Kozłowski (1978 Archivmaterial), Tomczak et al. (1990), Matuszewski (1995), Łazowski & Bujakowska (2002 Archivmaterial; 2004), Łazowski (2004)
** Die Ressourcen von Górki Zachodnie, Sobieszewo-Komary / Wiślinka und Borek betrugen 59 Tonnen.

Bernsteingeröll aus der Ostsee mit Resten von Seepocken- (*Balanus*) und Moostierchen- (*Membranipora*) Skeletten.
© J. Kupryjanowicz

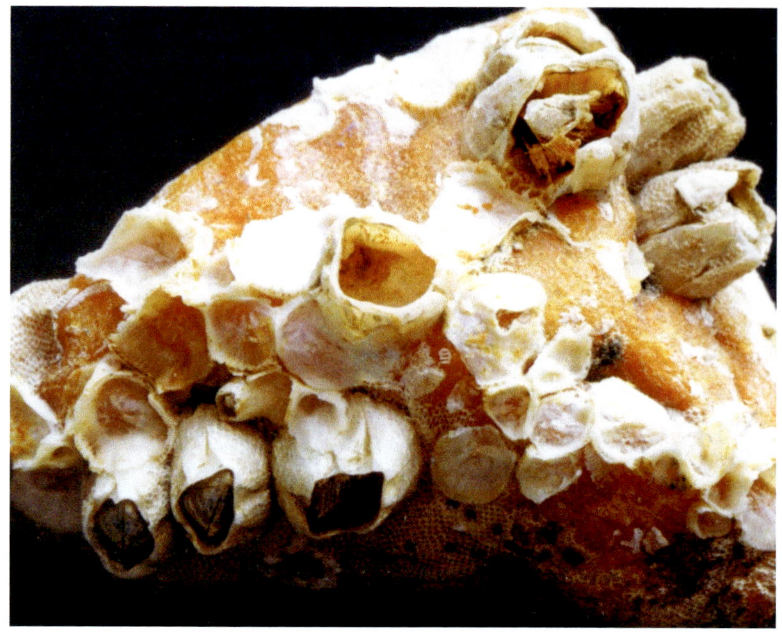

Der Bernsteinertrag belief sich auf 0,8 – 2 597,8 g/m² in Wisłoujście (Danzig Weichselmünde) und 2,48 – 247,8 g/m² in Górki Zachodnie (Danzig Westliche Neufähr). Das Alter der tiefstliegenden Sedimente wurde mittels Radiokarbonmethode (^{14}C) auf 6 300 Jahre (Atlantik-Periode) datiert; höherliegend, in einer Tiefe von 9 – 9,3 m befindet sich eine jüngere Schicht von 3 860 ± 75 Jahre (Subboreal-Periode), während das Alter der dritten Schicht in einer Tiefe von 7 – 7,1 m auf 2 380 ± 55 Jahre veranschlagt wird.

In Polen lässt sich Bernstein mit geologischen Erkundungsmethoden nur in bestimmten Gegenden entdecken, beispielsweise in den Schmelzwassersedimenten der Kurpie-Region oder an den jüngsten holozänen Stränden der Ostsee. Und so wurden von 1970 bis 2006 ca. 236 Tonnen Bernstein an der polnischen Küste dokumentiert, von denen 178 Tonnen (75 %) aus Wisłoujście (Danzig Weichselmünde) stammen.

In den Jahren 1970–1990 wurden jährlich ca. 6 Tonnen Bernstein aus dem Meer gefischt oder am Strand eingesammelt. Lizenzierte Betriebe gewannen mit der hydraulischen Methode ca. vier Tonnen pro Jahr, beispielsweise förderte die Firma Polsrebro 1979 10 939 kg und 1988 989 kg. Die illegale Gewinnung ergab ca. 35 Tonnen. Da es keine vollständigen Übersichten über die gewonnenen Bernsteinmengen gibt, lassen sich die in der Gegend noch vorhandenen Ressourcen nicht bestimmen. Die Erträge aus holozänen Lagerstätten decken nicht mehr als 15–17 % (ca. 30 Tonnen) der gesamten Nachfrage nach Rohbernstein.

An der polnischen Küste wird die hydraulische Bohrlochmethode seit vielen Jahren sowohl zur Bernsteingewinnung als auch für die Erkundung eingesetzt. Dieses Gewinnungsverfahren wird vorwiegend in der Nähe von natürlichen Wasserreservoirs genutzt. Ein Kreisel liefert Wasser, das unter Druck durch eine Pipeline zum Kopf transportiert wird, der senkrecht in die bernsteinführende Schicht eingeführt wurde. Das ausgespülte Sediment bildet einen Schwemmfächer auf der Oberfläche, wo Fallen aufgestellt werden, um den Detritus mit dem Bernstein aufzufangen. Das Spülen in einer Kochsalzlösung erfolgt unmittelbar in der Nähe des Fördergebietes und trennt den Bernstein vom Rest. Darüber hinaus wird auch die älteste Methode der Bernsteingewinnung aus dem Meer mit Hilfe von Netzen an langen Stangen, bekannt als Bernsteinfischen, immer noch angewandt. Während der geologischen Erkundungsarbeiten um die Ortschaften Stegna (Steegen) und Smołdzino (Schmolsin) herum wurde eine Methode entwickelt, um eine Bernsteinlagerstätte hinsichtlich der Anforderungen der Bernsteinnutzer zu untersuchen. Die Methode beruht auf der morphologischen Analyse primärer und sekundärer Formen (meist Bruchstücke) des Bernsteins und der Analyse der Varietäten (ihrer Transparenz, Farbe und dem Verwitterungsgrad). Die hierauf basierende Forschung war allerdings nur deswegen erfolgreich, weil ausreichend Rohbernsteinstücke von 16–31,5 mm Durchmesser während der Erkundungsbohrphase gefördert wurden.

Zur qualitativen Charakterisierung einer Bernsteinlagerstätte wurde die vielfältige Klassifikation natürlicher Bernsteinformen folgendermaßen vereinfacht:

<table>
<tr><th colspan="4">primäre Formen</th><th colspan="2">sekundäre Formen</th></tr>
<tr><td colspan="2">Tropfsteinformen</td><td colspan="2">Spaltenformen</td><td rowspan="2">Splitter (Chips)</td><td rowspan="2">Krümel oder Gerölle</td></tr>
<tr><td>Tropfen</td><td>Stalaktiten</td><td>Platten</td><td>Klumpen</td></tr>
</table>

Die primären Spaltenformen sind die wichtigste Gruppe für Rohbernsteinnutzer. Je mehr es davon im Vergleich zu Tropfsteinformen sind und je mehr Krümel und Gerölle im Vergleich zu Splittern bei sekundären Varietäten vorkommen, desto höher ist die Rendite einer Lagerstätte. Die morphologiebasierte Zuordnung von Krümeln zur Gruppe der primären Bernsteinformen ist bereits für Klümpchen von 4–8 mm Durchmesser möglich, trotz der Tatsache, dass man es oft nur mit ihren Bruchstücken zu tun hat.

Links: Polierte Stücke verschiedener Varietäten von baltischem Bernstein. Sammlung des Museums der Erde, Warschau © M. Kazubski

Rechts: Handgefertigte Halskette aus baltischem Bernstein der Varietät »Schlack«. Privatsammlung © B. Kosmowska-Ceranowicz

Die Untersuchung auf Grundlage dieser Methode ergab, dass Tropfen (bis 1,1 %) um Stegna (Steegen) und Smołdzino (Schmolsin) herum am seltensten vorkommen. Die Stalaktiten werden in den nicht verwitterten, für Entomologen wichtigen Lagerstätten von Stegna auf 9.6 bis 17,5 % geschätzt und in stärker verwittertem Material aus der Lagerstätte von Smołdzino auf nur durchschnittlich 1,1 %.

Die Klassifizierung der Varietäten erfolgte ebenfalls in einer etwas vereinfachten Form durch Krystina Leciejewicz (Leciejewicz 1996). Jede Gruppe wurde in frische Stückchen, die die primäre Varietät bilden, klassifiziert, während verwitterte Stückchen die sekundären Varietäten bilden. Die Klassifizierung umfasst die durchsichtige, durchscheinende und undurchsichtige gelbe, undurchsichtige weiße Gruppe und den sogenannten Schlack oder Brack. Schlack ist Bernstein, der stark mit pflanzlichem Detritus verunreinigt ist. In Deutschland wurde er beispielsweise sofort bei der ersten Sichtkontrolle im Tagebau Goitsche ausgelesen.

Eine Analyse zur Häufigkeit von Bernsteinvarietäten in Stegna (Steegen) führte erstmals zu der Erkenntnis, dass transparenter Bernstein in holozänen alluvialen Ablagerungen vorherrscht – im Unterschied zu den paläogenen, im Samland abgebauten Lagerstätten, was Untersuchungen von Katinas anhand einer Probe mit ähnlicher Körnung zeigten (Katinas 1971).

Bernsteinerzeugnisse. Schmuck und Ziergegenstände

Die besten Orte zur Erkundung von Trends bei künstlerischen Schmuckerzeugnissen sind Danzig mit seiner jährlichen AMBERIF, der Internationalen Bernsteinmesse im März und der Ambermart im Herbst, Warschau mit seiner Gold-Silber-Zeit-Schmuck-Show und Legnica (Liegnitz) mit seinen Juwelenfestivals sowie zahlreiche Wettbewerbe in Polen und im Ausland. Im Jahr 1994 veranstaltete auf Initiative der Künstler Giedym Jabłoński und Małgorzata Portych die MTG SA Gdańsk International Fair Co. AMBERIF '94 die

Links: Das Labyrinth – Andrzej Boss' Beitrag zum Wettbewerb »Elektronos 2004« zum Thema »Die Bernsteinstraße«. © A. Boss

Rechts: Halskette »Flügel«, Qualifizierungsarbeit von Agata Całka von der Hochschule für Kunst und Design Łódź (Lodz). © D. Zagórski

erste Internationale Messe für Bernstein, Schmuck und Edelsteine. Die Zahl der Aussteller hat in Danzig von 50 bei der ersten Veranstaltung 1994 auf 485 im Jahr 2016 zugenommen und in Warschau von 82 im Jahr 2000 auf ungefähr 300 im Jahr 2016.

Die AMBERIF legt großen Wert auf neues Design, sowohl von polnischen Künstlern als auch von der zunehmenden Zahl an Designern aus der ganzen Welt. Zu diesem Zweck finden auf der Messe regelmäßige Wettbewerbe statt: der »Amberif Design Award« für Designer und der »Mercurius Gedanensis« für Handwerker. Die Wettbewerbsthemen, wie »Die Bernsteinstraße« 2004, »Organische Erzeugnisse« 2005, die zu vielen Diskussionen angeregt haben, »Inklusen« 2006, beziehen sich auf Mythen, Symbole, Rituale und Gefühle. Die ausgezeichneten Beiträge finden oft einen Platz in Museen, und Fotos davon werden in Zeitschriften und Büchern veröffentlicht. Jedes Jahr ist ein besonderer Platz für

Ausschnitt aus dem Bernsteinaltar in der Brigidenkirche in Danzig, 2019. © A. Krumbiegel

Arbeiten junger Künstler von der Akademie für schöne Künste und Design in Łódź (Lodz) reserviert, die unter den Augen des Bernstein-Meisterausbilders Prof. Andrzej Boss studieren, und ebenso von der Hochschule für Kunst und Design in Łodz, einer privaten Kunstuniversität, in der Spezialrichtung Bernsteindesign.

In den letzten Jahren hat Bernstein ein Comeback in polnischen Kirchen erlebt. Auf einer Konferenz, die im Jahr 2000 in der Warschauer Kurie als Teil der Kampagne des Europarates zum »Gemeinsamen Erbe« stattfand, stießen die Initiativen der Danziger Bernsteinschmuck-Vereinigung auf volle Zustimmung.

Ein Reliquiar und St. Peters Boot, ein Kelch und ein Ziborium, eine Bernsteinmonstranz, Bernsteinabdeckungen für das Messbuch und das Evangelium, ebenso wie der teilweise fertiggestellte Bernsteinaltar für die Brigidenkirche in Danzig sind alles Errungenschaften von der Wende zum 21. Jahrhundert, die mit dem Bernsteinzimmer und seiner Ausstattung aus dem frühen 18. Jahrhundert gleichzusetzen sind. Polens Heiligtum von Częstochowa (Tschenstochau) erhielt 2005 ein »Kleid des Vertrauens« aus Bernstein und Diamanten – Totus Tuus dem Bild von Jasna Góra (Klarenberg) in Erinnerung an den 350. Jahrestag der Verteidigung des Klosters gegen die schwedische Armee. Das Kleid wurde auf Anregung von Papst Johannes Paul II. angefertigt, der außerdem die goldenen Kronen der Madonna und des Kindes finanzierte. Das Kleid wurde von Mariusz Drapikowski in Zusammenarbeit mit Stanisław Radwański, Andrzej Szadkowski und Wojciech Kurpik

Das Triptychon »Himmlisches Jerusalem« aus der Firma Drapikowski in Danzig. © K. Kwiatkowska

entworfen, Professoren für die Restaurierung von Skulpturen und Kulturerbe. Hergestellt wurde es in der Firma von M. Drapikowski.

Dieselbe Firma fertigte auch das Triptychon »Himmlisches Jerusalem« zusammen mit einer reich mit Bernstein verzierten Monstranz als Retabel für die Vierte Station des Leidensweges Christi in Jerusalem. Nach seiner Ausstellung in einer Reihe polnischer Städte, in Deutschland und im Vatikan wurde das Triptychon 2010 nach Israel gesandt.

Die vielen kleinen familieneigenen und großen Bernsteinstudios und Hersteller von Bernsteinerzeugnissen konzentrieren sich hauptsächlich rings um Danzig (Gierłowski 1999). Der Kunsthistoriker und Experte für Ökonomie des Bernsteinmarktes Wiesław Gierłowski (1925–2016) schätzte die Gesamtzahl dieser Unternehmen in Polen auf ungefähr 8 000 (von Ein-Mann-Unternehmen bis zu Firmen mit über 100 Angestellten). Zu den größten gehören die Firmen unter Leitung von Adam Pstrągowski und Marian Dejcz (Dejwis), Mirosław Wiśniewski und Mirosław Siezieniewski, Wojciech Kalandyk und – bis kürzlich – Lucjan Myrta (Gierłowski 2004; 2005 (1995).

Große Stücke wie Truhen, die nach Originalen aus dem 17. und 18. Jahrhundert gefertigt wurden, Vasen, Bilder, Möbel, Tierskulpturen und die weltgrößte Bernsteinskulptur mit einer Masse von 2,5 Kilogramm, ein weiblicher Akt nach Rodin aus der Firma Myrta, sind detailliert an anderer Stelle beschrieben worden. Einige davon wurden vom Bernsteinmuseum in Danzig gekauft. Das Museum besitzt auch ein Fabergé-Ei, das es als Geschenk von der Firma Victor Mayer in Pforzheim zum tausendjährigen Jubiläum

Nordost-Ecke des Bernsteinzimmers in Zarskoje Selo, Russland, im Mai 2003. Die Rekonstruktion wurde von dem Künstler Boris Igdalow geleitet.
© G. und W. Gierłowski

der Stadt Danzig erhielt und das die Tradition der Juweliere der Zaren fortsetzt. Victor Meyer fertigte die Einzelteile aus Gold und Emaille, innerhalb derer zwei Bernstein-Eier des Familienbetriebes Podżorski »Helena« aus Sopot (Zoppot) platziert wurden.

Geschäftstreffen und Diskussionen mit den Ausstellern auf den Danziger Bernsteinmessen zeigen, dass in Litauen ein ähnlicher Bernsteinboom stattfindet. Die Dailė Fabrik in Klaipėda (Memel) verarbeitete 1991 ca. 7–8 Tonnen Bernstein. Heute ist die Fertigungsstätte in Druskíninkaí (Druscheniken) eine der größten ihrer Art. Bernsteinerzeugnisse werden von dort nach Japan, Dänemark, Ungarn und in die USA exportiert.

Seit einigen Jahren ist St. Petersburg, Russland, bestrebt, Fabergés große Schmucktradition wiederzubeleben, für die die Stadt früher berühmt war. In Abständen werden Messen durch die Firma »Mir Kamina« organisiert, die von Geologen, die früher am Geologischen Institut angestellt waren, gegründet wurde. Bernstein ist dort allerdings nur selten zu finden.

Eine beachtliche Gruppe von Meisterhandwerkern und Künstlern aus der Gegend von St. Petersburg, einschließlich Alexander Zhuravlov (1943–2009), Alexander Krylov und Alexander Kolchin, arbeitete über mehrere Jahre unter Leitung von Boris Igdalov an der Rekonstruktion des Bernsteinzimmers (in der Firma »Zarskoje Selo Bernsteinwerkstatt«) bis zu dessen Eröffnung 2003.

1994 fertigte das Team die Insignien für Alexej II, den Patriarchen der russisch orthodoxen Kirche, und später für den Metropo-

Ecktisch im Bernsteinzimmer.

liten von St. Petersburg. Zu den Insignien gehören Bischofsstäbe, Zepter, Reichsäpfel und Brustkreuze. Zur Vorbereitung der schwierigsten Aufgaben fertigten sie Kopien antiker Stücke, die später im Bernsteinmuseum in Kaliningrad (Königsberg) ausgestellt wurden. Das Museum zeigt auch die schönsten zeitgenössischen Stücke aus der Staatlichen Bernsteinmanufaktur in Jantarny (Palmnicken), deren Monopol auf Bernsteinerzeugnisse mit Einführung des freien Marktes endete, als zahlreiche private Bernsteinstudios gegründet wurden.

Bearbeitungsmethoden von Rohbernstein

Neben der rein mechanischen Herstellung wundervoller und prächtiger Kunstgegenstände aus schönen Naturbernstein-Varietäten werden mechanische Bearbeitungsverfahren oft mit der thermischen Behandlung zur Verbesserung des Äußeren weniger attraktiver Stücke kombiniert.

Seit ewigen Zeiten hat der gewaltige Überfluss der Varietäten von baltischem Bernstein die Hersteller der unterschiedlichen Schmuckstücke zur Suche nach neuen Bearbeitungstechniken für Bernstein angeregt, um der aktuellen Mode und den Ansprüchen der Kunden gerecht zu werden oder die eigene Neugier zu befriedigen. Die Klärung von Bernstein durch Kochen wurde schon von Plinius d. Ä. (23–79 u. Z.) beschrieben. Er empfahl hierfür

Kopien von Erzeugnissen aus dem 17. Jahrhundert, die erstmals 1993 außerhalb von Dänemark auf der Ausstellung von Bernstein aus der Dänischen Königlichen Sammlung im Königsschloss in Warschau gezeigt wurden:
a) Vergrößerungsglas mit einer plan-konvexen Linse innerhalb eines Silberbandes mit einem Griff, dekoriert mit einem Silberring; b) bikonvexe Linse aus geklärtem Bernstein, mit einem Griff in Form einer zur Faust geballten Hand. Von W. Gierłowski. Sammlung des Museums der Erde, Warschau
© M. Kazubski

das Fett von Ferkeln, was Andreas Aurifaber (1577) und J. Vigant (1590) 1 500 Jahre später praktizierten, während Christian Porschin im Jahr 1691 Rapsöl dafür empfahl. Es ist außerdem bekannt, dass Bernstein durch Erhitzen in Sand geklärt wurde, was auch das Dunkeln seiner Farbe verursachte. Weiße Farbe wurde durch Kochen des Bernsteins in einer gesättigten Salzlösung über 14 Tage erreicht; Safran oder Tyrianrot wurden ebenfalls zum Färben von Bernstein verwendet. Größere Stücke stellte man her, indem man kleinere an den Kontaktflächen erhitzte und dann verklebte. Ab 1881 wurde Bernstein in den Wiener Firmen von Spiller und Trebitsch bei einem Druck von 300 at und einer Temperatur von 140–200 °C gepresst und als Ambroid bezeichnet (Gierłowska 2005). Einige Zeit später wurde Bernstein auch in der Firma Stantien & Becker in Königsberg gepresst. Schon seit langer Zeit wird Bernstein im Kaliningrader Gebiet in Russland gepresst, um eine einheitliche Varietät für Schmuck und Skulpturen zu erhalten, wobei nicht nur Farb- sondern auch verschiedene Füllstoffe beigemischt werden (Kostiashova 1999). Die heute verwendeten Autoklaven bieten eine breite Palette an Möglichkeiten zur Behandlung von Bernstein, während die Bernsteinhandwerker früher Haushaltsgeräte, wie Küchenöfen oder sogar elektrische Backformen nutzten.

Leider vergessen große Firmen in vielen Ländern, darunter auch in Polen, dass gerade der Naturbernstein der wertvollste ist und nutzen unterschiedliche Methoden, um die im Moment modernen Varietäten herzustellen. Diesbezüglich sei auf die »Modifizierung« von Rohbernstein in Autoklaven verwiesen, wo hohe Temperaturen (bis 250 °C) und Druck (25–40 at) unter Stickstoff- und Argonatmosphäre (sind diese Gase für Bernstein tatsächlich inert?) angewandt werden. Dieses Verfahren gilt heute als Routine im Bernsteingeschäft. Das Werk in Jantarny (Palmnicken), ebenso wie mancher polnischer Betrieb stellen auch Pressbernstein aus pulverisiertem, gut von seiner Verwitterungsrinde gereinigtem Naturbernstein her. Unter einem Druck von über 1 000 at, bei einer Temperatur von 180–200 °C und unter Zusatz von speziellen Farbstoffen wird eine breite Palette von Pressbernstein nicht nur für die Schmuckindustrie, sondern auch für die Industrie (Isolatorenherstellung) produziert.

Im Bernsteinkombinat von Jantarny (Palmnicken) wird eine Methode angewendet, die in den 1970er Jahren basierend auf einer deutschen Bernsteinschmelztechnik eingeführt wurde. Kleinste Stücke und Abfall von der Bearbeitung größerer Stücke werden für die trockene Destillation bei einer Temperatur von 350–370 °C verwendet. Der behandelte Rohbernstein enthält 1,2% Bernsteinsäure, ca. 15 % Bernsteinöl und ca. 65 % Kolophonium und ist als Schmelzbernstein bekannt. Infrarottests dieser Fraktion ergaben, dass es kein reines Kolophonium ist, obwohl es so bezeichnet wird. Es zeigt sich nicht die typische Kurve von Kolophonium, was sicher mit dem angewandten Verfahren zusammenhängt.

b

Bei »Modifizierungen« geht es auch um Klärung, »Wölkchenbildung« und z. B. die Bildung von inneren Rissen, bekannt als Schuppen oder Funkeln. Weitere Ziele sind ebenso das Nachdunkeln, um Cognacfarbe zu erhalten, sowie das Nachdunkeln beim »Altern« der Farbe. Bernstein kann darüber hinaus zu einer eisartigen Varietät gebleicht oder schwarz, weiß und seit kurzem auch grün gefärbt werden. Außerdem lassen sich diese Verfahren nutzen, um die Oberfläche vorgefertigter Cabochons, Perlen und anderer unterschiedlich geformter, zur Einfassung vorbereiteter Stücke zu verändern.

Der Bernstein wird über mehrere Stunden und manchmal wiederholt im Autoklaven bei kontrollierter Temperatur und unter bestimmtem Druck modifiziert. Nach der Modifizierung bleibt im Autoklaven eine Art »Wasser« übrig, das Chemiker mit mehreren Inhaltsstoffen in Verbindung bringen, die aus der molekularen Phase von Bernstein durch Lösen in organischen Lösungsmitteln zu Forschungszwecken erhalten wurden (Karwowski & Matuszewska 1999). Welche Folgen die Autoklavbehandlung haben wird, ist zum jetzigen Zeitpunkt noch nicht abzusehen.

Bei dem von Christian Porschin, Mitglied der Königsberger Bernsteingilde, entwickelten Verfahren zur Klärung von Bernstein, das nur 1718 von Helwing, einem Theologen aus Węgorzewo (Angerburg), beschrieben wurde (Helwing 1717–1720), ging es um das Kochen von Bernstein »über einem sanften Feuer« in Leinöl über einen Zeitraum von 20 Stunden. Im Jahr 1691 präsentierte Porschin Linsen, die zum Entzünden von Schießpulver und Leuchtfeuern verwendet wurden und die heute in der Königlichen Sammlung der Dänischen Königin Sophia Magdalena in Schloss Rosenborg in Kopenhagen aufbewahrt werden.

Bestaunt man die Schönheit von Bernstein, ist einem durchaus bewusst, dass auf dem aktuellen Markt nicht nur baltischer Bernstein (Succinit) angeboten wird. Allerdings assoziiert man mit diesem den engsten Bezug zur Bezeichnung »Bernstein« und manche Mineralogen sind sogar der Meinung, dass dies ein Exklusivrecht sei. Obwohl sich nur ein paar andere Varietäten der auf der Erde vorkommenden fossilen Harze wegen ihrer Härte und Dichte bearbeiten lassen, sind sie gegenwärtig auf vielen europäischen Märkten präsent.

Sammlungen fossiler Harze. Auf der touristischen Bernsteinstraße

In den letzten Jahren des 20. Jahrhunderts wurde ein Programm zur Gestaltung von Tourismusrouten als Teil der Bemühungen zum Schutz des europäischen Kulturerbes entwickelt, die zu den interessantesten mit Bernstein in Verbindung stehenden Orten führen. Diese Routen sollten in Beziehung zu den alten Handelswegen stehen, auf denen der Bernstein aus dem »Barbaricum« während der Zeit des Römischen Reiches ins Mittelmeergebiet transportiert wurde.

Danzig – die Welthauptstadt des Bernsteins

In Polen fielen diese Vorhaben mit den Vorbereitungen der Tausendjahrfeier von Danzig zusammen, bei denen Bernstein eine besondere Rolle zukam. Im Jubiläumsjahr 1997 fand eine internationale Konferenz von Bernsteinforschern aus der ganzen Welt in Danzig statt, während das örtliche Archäologische Museum zusammen mit dem Museum der Erde der Polnischen Akademie der Wissenschaften in Warschau die von Elżbieta Choińska konzipier-

Ein Raum im Bernsteinmuseum, einer Abteilung des Danziger Historischen Museums, der der Geschichte des Bernsteins und der Kunst gewidmet ist. Foto mit freundlicher Genehmigung des Bernsteinmuseums © E. Grela

Succinilacerta succinea Boulenger aus der Familie der Echten Eidechsen (Lacertidae), bekannt als »Gierłowskas Eidechse« war der erste derartige Fund in Polen; Körperlänge: 3,7 cm. Sammlung des Bernsteinmuseums Danzig © G. Gierłowska

te Ausstellung »Mit Bernstein durch die Jahrtausende« präsentierte, die erste ihrer Art nach dem Zweiten Weltkrieg. Im Jahr 1998 wurden das Museum der Bernsteininklusen an der Universität Danzig und das Bernsteinmuseum, eine Zweigstelle des Danziger Historischen Museums, gegründet. Während dieser Zeit wurde die Privatsammlung von Lucjan Myrta bestehend aus Bernsteingegenständen, Rohbernsteinstücken und Inklusen ausgestellt, die er dem Museum als Leihgabe überließ (Myrta 2004), und im Jahr 2000 fand am Museum der Erde in Warschau die Sonderausstellung »Bernstein, der Schatz vergangener Meere« statt.

Im Jahr 1996 erfolgte die Gründung der Internationalen Bernstein-Gesellschaft (IAA – International Amber Association) in Danzig, wo die Internationale Bernsteinmesse AMBERIF bereits seit 1994 stattfindet. Zur Jahrtausendwende war Danzig dann als Welthauptstadt des Bernsteins bekannt.

Das Bernsteinstraßen-Programm nahm die polnische Agentur für regionale Entwicklung in Danzig auf. Im Jahr 2000 wurde eine Straßenkarte der polnischen Region Pommern mit Orten, wo Bernstein gefunden und abgebaut wurde, veröffentlicht. Diese beruhte auf dem Katalog »Bernsteinfunde und frühere Bernstein-Abbaubetriebe in Polen« (Kosmowska-Ceranowicz & Pietrzak 1982). Zusammen damit erschienen ein Stadtplan von Danzig mit den 48 Bernsteinfirmen, die zu dieser Zeit existierten und die die Internationale Bernstein-Gesellschaft empfiehlt, sowie eine Liste von Museen mit Ausstellungsstücken aus Bernstein. Gleichzeitig wurde eine weitere Karte über die Bernsteinstraße entlang der Südküste der Ostsee herausgegeben, die durch folgende Städte verläuft – von Riga über Liepaja (Libau), Palanga (Polangen), Klaipeda (Memel), Kaliningrad (Königsberg), Elbląg (Elbing), Danzig, Sopot (Zoppot), Gdynia (Gdingen), Władysławowo (Großendorf) nach Łeba (Leba) und Lębork (Lauenburg).

Die Bernsteinstraße in Litauen, Lettland und im Kaliningrader Gebiet

Dasselbe Programm griff auch Litauen auf, das eine zweisprachige Broschüre »The Baltic Amber Road – Die baltische Bernsteinstraße« im Jahr 2003 herausgab. Die Broschüre berücksichtigt zwölf Orte an der Ostsee in Lettland, Litauen und Russlands Kaliningrader Gebiet und führt die öffentlichen Museen und privaten Galerien mit Sammlungsausstellungen und Verkauf von Erzeugnissen auf. Die Broschüre erwähnt Pavilosta in Lettland und Karklė in Litauen als Orte, an denen Bernstein gefunden wurde. Außerdem ist die Bernsteinuhr in Form einer vier Meter hohen Sanduhr an der Promenade von Liepaja, Lettland beschrieben, die mit winzigen Bernsteinstückchen gefüllt ist, ebenso die 123 m lange Halskette aus größeren Bernsteinstücken, die im Liepajer Amtssitz der Lettischen Handwerker-Vereinigungen ausgestellt ist. Beide Objekte wurden zur 750-Jahr-Feier von Liepaja aus Bernstein angefertigt, den die Bewohner der Stadt gesammelt hatten. Lettland lädt auch nach Nida (Nidden) ein, wo das direkt an der lettisch-litauischen Grenze stehende Gaigalas-Fischerhaus eine Bernsteinsammlung und verschiedene andere kleine, vom Meer angespülte Objekte besitzt.

Ein wichtiger Punkt auf der litauischen Bernsteinstraße ist die Stadt Šventoji (Heiligenau), wo 1966–1976 der berühmte litauische Archäologe Rimutė Rimantienė einen Bernsteinschatz aus dem Neolithikum entdeckte. In Palanga (Polangen), Litauens bekanntestem Badeort, kann man eine Sammlung aus 4500 Stücken zusammen mit Inklusen, archäologischen Funden und verschiedenen anderen fossilen Harzen in einer Ausstellung im berühmten Nationalen Bernsteinmuseum im Tiškevičiai Palast besichtigen, ebenso eine Bernsteinwerkstatt. Die litauische Tradition der Bernsteinverarbeitung reicht bis ins 17. Jahrhundert zurück, wobei Palanga (Polangen) als Zentrum der Bernsteinindustrie des 19. Jahrhunderts gilt. Im Historischen Museum von Klaipeda (Memel) erfährt man von Bernsteinketten, die im Mittelalter als Zahlungsmittel verwendet wurden (Funde aus dem 5.–6. Jahr-

hundert). Die Route führt weiter über die Kurische Nehrung, wo zwischen 1854–1855 2250 Tonnen Bernstein in der Umgebung von Judokrantė (Schwarzort) gewonnen und wo noch im Jahr 1890 im Durchschnitt 75 Tonnen jährlich abgebaut wurden. Im Jahr 1882 entdeckte man dort besonders wertvolle neolithische Gegenstände – bedeutende anthropomorphe Figuren, die ursprünglich Teil der Königsberger Sammlung waren. Heute werden die Originale in Göttingen aufbewahrt, und ihre Kopien können in vielen litauischen Museen und anderswo besichtigt werden, wie z. B. in Kazimieraz Mizgriris privater Bernsteingalerie in Nida (Nidden).

In Kaliningrad (Königsberg) lohnt sich ein Besuch des 1979 eröffneten Bernsteinmuseums, das Thema zahlreicher Veröffentlichungen ist, wie z. B. Ritzkowski (1996), Kostiashova (2003, Kosmowska-Ceranowicz & Ritzkowski (2004) und dessen Sammlung von dem russischen Bernsteinexperten Sviatoslav Sawkewitsch zur Verfügung gestellt wurde. Das Museum besitzt eine große Sammlung zeitgenössischer Werke, ebenso einige Originale und eine zunehmende Anzahl von Kopien hochkarätiger Kunstgegenstände aus dem 16. – 18. Jahrhundert. Letztere entstanden, als ein Team von Bernsteinhandwerksmeistern, die später das Bernsteinzimmer rekonstruierten, für diese Aufgabe »trainierten«. Die wichtigsten Punkte auf der Bernsteinstraße im Kaliningrader Gebiet sind der aktive Bernsteintagebau und die Reste von zwei geschlossenen Minen in Jantarny (Palmnicken) sowie Bernsteinwerkstätten und Galerien auf dem Werksgelände, die für Touristen offenstehen. In Jantarny ist der Staat der alleinige Eigner der Aktiengesellschaften: Kaliningrader Bernsteinfabrik (die den Bergbau betreibt), des Herstellers Juvilerprom und eines Handels-

a) Bei der »Blatt«-Brosche von Irina Gnatianko wurden sowohl die Form des Rohbernsteinstückes als auch dessen unter der Verwitterungsschicht entdeckte verblüffende Varietät in Szene gesetzt. Privatsammlung © M. Kazubski
b) Krawattenschnur und Manschettenknöpfe als Schmuck auf litauischer Kleidung und zur Betonung der Nationalität des Trägers während der Zeit der Sowjetunion. © B. Kosmowska-Ceranowicz

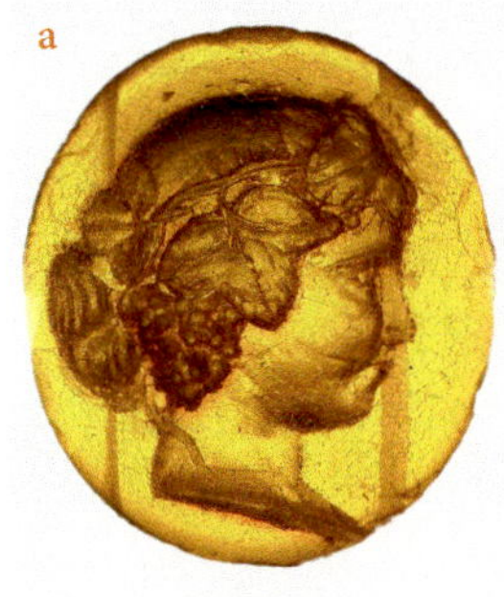

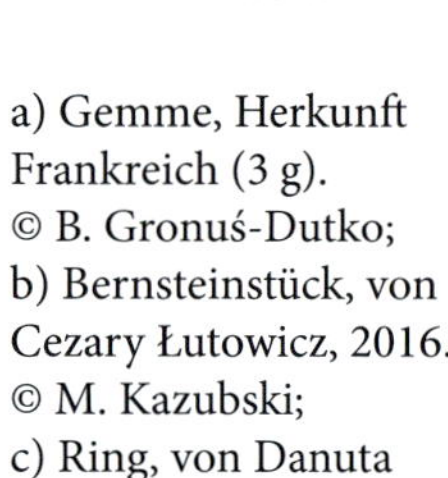

a) Gemme, Herkunft Frankreich (3 g). © B. Gronuś-Dutko; b) Bernsteinstück, von Cezary Łutowicz, 2016. © M. Kazubski; c) Ring, von Danuta Kruczkowska. © M. Kazubski

betriebes mit einer Kette vier profitabler Juweliergeschäfte (Galerien). Ein Teil der Sammlung der größten in den Minen über die Jahre gefundenen Naturbernsteinstücke wurde vor kurzem dem Bernsteinmuseum in Kaliningrad (Königsberg) geschenkt. Eine weitere Touristenattraktion ist in Jantarny die Bernsteinpyramide, die man erklimmen kann, um die Energie des »Sonnensteins« aufzusaugen.

Bernstein in Russland

Sammlungen russischen und asiatischen Bernsteins an der Russischen Akademie der Wissenschaften in Moskau
(nach Sukacheva et al. [2010], Zherikhin et al. [2005], Jeskov [2002]).

Name der Sammlung	Anzahl der Stücke
Inklusen in Baltischem Bernstein	5131
Fossile Harze aus Asien	5860
einschließlich:	
Russland, Yantardakh (Kreide-Santonium)	3231
Russland, Agapa (Kreide-Cenomanium)	766
Russland, Baikura (Kreide-Maastrichtium)	332
Russland, Bulun (Kreide-Cenomanium)	73
Russland, Sachalin (Paläogen-Paläozän)	1026
Russland, Romanicha	176
Aserbaidschan	108
andere Harze aus Asien und aller Welt	148

Das Paläontologische Institut der Russischen Akademie der Wissenschaften in Moskau besitzt eine große Sammlung tierischer Inklusen in baltischem Bernstein und anderer fossiler Harze von über 10900 Stücken. Vor allem für statistische Untersuchungen wichtig sind die kreidezeitlichen und paläogenen fossilen Harze der Sammlung aus Asien, die von den Mitarbeitern des Institutes zusammengetragen wurden. Die Inklusen im baltischen Bernstein dienen vor allem für detailiertere Untersuchungen an speziellen Taxa (Gattungen und Arten).

Wertvolle Bernsteinstücke aus prähistorischer Zeit bis zum 19. Jahrhundert, einst in der Kunstkammer, St. Petersburgs erstes Museum, aufbewahrt, sind heute Teil der Eremitage. Zar Peter I., der die Bernsteingegenstände aus der Schatzkammer des Kremls kannte, erhielt gerne Bernsteingeschenke von deutschen Gesandten. Eine im Jahr 1789 zusammengestellte Liste umfasst 15 Bernsteinobjekte, wie Figuren, Flaschen, ein Nadeletui und Schnupftabakdosen. Bei einer Ausstellung in der Eremitage im Jahr 2002 wurden 104 Kunstgegenstände nach ihrer Konservierung durch Alexander Zhuralov gezeigt (Kostiashova & Yakovleva 2007). Neben Stücken aus den Königsberger Werkstätten befanden sich darunter ebenfalls Arbeiten aus Danzig, z. B. ein Portrait von König John Sobieski von ca. 1690, eine Truhe, ein Intaglio-Teller, eine hornförmige Schnupftabakdose mit einem Wappen in einer Metallkartusche aus dem späten 17. Jahrhundert und ein kleines Stück mit einer Inkluse aus dem späten 17. Jahrhundert, wahrscheinlich aus Polen. Es wurden außerdem russische Arbeiten aus den Werkstätten von St. Petersburg und aus Westeuropa gezeigt.

Bernstein in Österreich

Auch in Österreich wurde ein Projekt zur Bernsteinstraße entwickelt und deren Nord-Süd-Verlauf in einer speziellen Karte dargestellt. Hier ist das Bernsteinerbe gegenüber den Schlossmuseen und Natur-Kuriositäten allerdings eher von untergeordneter Bedeutung. Nach Aussage des österreichischen Bernsteinforschers Norbert Vávra ist das Land »reich an armen Fundstellen« fossiler Harze (Vávra 1984). Lediglich in der Umgebung von Golling (Salzburg) wurden in unterkreidezeitlichen Schichten in Roßfeld (Valanginium/Hauterivium) 1979–1982 ca. 500–800 kg Harzproben, hauptsächlich von privaten Sammlern, entdeckt. Das IR-Spektrum des Harzes aus Golling ähnelt Harzen aus der Glessit-Gruppe (oder vielleicht dem Valchovit) (Kosmowska-Ceranowicz 2015). Man schätzt, dass 30–50 Proben von ca. 0,5 kg entdeckt wurden, und darüber hinaus wurde auch ein Stück von 4,6 kg beschrieben.

Prof. Norbert Vávra aus Wien beim 2. Bitterfelder Bernstein-Kolloquium 2008. © Geoarchiv Natur- und Regionalgeschichte e. V.

Die Mineralogische Abteilung des Naturhistorischen Museums Wien besitzt sehr wertvolle Proben fossiler Harze, die im 19. und 20. Jahrhundert gesammelt wurden. Die Sammlung enthält solch einmalige Stücke wie Delatynit mit dem originalen Etikett des Sammlers und Entdeckers Julian Niedźwiedzki von Delatyn (s. Foto S. 79 unten), Delatynit aus Myshyn, Siegburgit aus Siegburg, Jaulingit, Krantzit aus Latdorf, Rumänit aus Buzău, Schraufit aus Vamma, Ajkait aus Ajka, Muckit aus Neudorf, Trinkerit aus Gams, Alingit aus Frankreich, Kopalit aus Gablitz und weitere Harzarten.

Außerdem besitzt das Museum ca. 4 000 Stücke mit organischen Inklusen und zeigt seine neuesten Erwerbungen: fossiles Harz aus Äthiopien, subfossiles Harz aus Guinea und verschiedene alte Succinitgegenstände.

Die Bernsteinstraße in Polen

Und welche Sammlungen hat Polen auf der touristischen Bernsteinstraße anzubieten, die den Norden mit dem Mittelmeerraum verbindet, so, wie es die Bernsteinstraßen schon vor langer Zeit taten? Nun, die »Bernstein Autobahn A1« soll Touristen, die in Richtung Ostsee hasten, alles Interessante und Sehenswerte – im Süden Polens beginnend – zeigen. Es sei daran erinnert, dass im 16. Jahrhundert die Weichselsandbank als die »Ripa Succini«, die Bernsteinküste, bekannt war.

Die Traditionen des Bernsteinhandwerks in Zentral- und Südpolen reichen mit Werkstätten, die in Świlcza bei Rzeżow und Jacewo bei Inowrocław entdeckt wurden, bis in die Epoche des römischen Einflusses zurück (Gruszczyńska 1999). Die Sammlung des Geistlichen Krzystof Kluk in Ciechanowiec aus dem 18. Jahrhundert oder die von Prinzessin Anna Jabłonska in Siemiatycze, die beide Bernstein enthielten, haben nicht überlebt. Die Sammlungen von Julian Niedźwiedzki und Marian Alojzy Łomnicki aus Wolhynien (NW-Ukraine) sind aktuell noch im Dzeduszynski Museum in Lwow (Lemberg) ausgestellt bzw. befinden sich in den Magazinen (Kosmowska-Ceranowicz 1996).

Die Traditionen der Bernsteinforschung und -erkundung, wie auch die Bernsteinvolkskunst in der Kurpie-Region, die mindestens bis ins 17. Jahrhundert zurückreichen, waren lang genug, dass sich Bernstein zu einem typischen Mineral der Länder an der südlichen Ostsee und darüber hinaus auch im übrigen Polen entwickelt hat.

In Krakau wurde die Sammlung von Jacek Serafin, einem auf die Bestimmung organischer Inklusen spezialisierten Sammler, von 2003 bis 2009 in der Ausstellung »Bernstein in Wissenschaft und Sammlertum« im Naturhistorischen Museum der Polnischen

Akademie der Wissenschaften (PAN) gezeigt. Heute ist sie nur für Paläoentomologen zugänglich. Krakau ist verbunden mit den Namen der bekannten Künstler Maria Lewicka-Wala (1941–2001), deren Werk in verschiedenen Museen besichtigt werden kann, und Barbara Gronuś-Dutko, die ihr »Theater des Bernsteins und der Phantasie« auf verschiedenen Ausstellungen in Krakau, Danzig und Warschau präsentierte. Heute ist sie die Vorsitzende der »Bernsteinplanet Jantar«-Gesellschaft in Gdynia (Gdingen), die als Ziel der Förderung des baltischen Bernsteins verfolgt. In den Krakauer Tuchhallen (Sukiennice) gibt es immer Bücher über Bernstein zu kaufen, die zusammen mit den Kunstgegenständen von aus Krakau stammenden Meistern ausgestellt werden.

Die zentrale naturgeschichtliche Sammlung von Rohbernstein, Formen, Varietäten, organischen Inklusen und anderen fossilen Harzen sowie fast eintausend Gegenständen, darüber hinaus Imitationen und die größte Bibliothek über Bernstein Polens befinden sich in Warschau.

Bernsteinsammlungen und einzelne Denkmäler in Polen

Stadt	Name des Museums, der Sammlung, der Institution	Sammlungsgründung	Beschreibung oder Name der Sammlung	Anzahl der Stücke
Krakau	Domschatzkammer, Wawelschloss	16. Jh.	Gegenstände aus dem 16. und 17. Jh.	3
	Nationalmuseum, Sammlung Czartoryski	16. Jh.	Gegenstände aus dem 16.–17. Jh.	8
	Naturhistorisches Museum, Polnische Akademie der Wissenschaften*	über viele Jahre zusammengetragen	Naturstücke und Gegenstände	?
			Inklusen, Sammlung J. Serafin, 2001	2000
Katowice (Kattowitz)	Schlesische Universität		Jan Koteja-Sammlung von Schildlaus-Inklusen in Bernstein	1100
Częstochowa (Tschenstochau)	Schatzkammer im Kloster Jasna Góra** (Paulinenkloster)	seit dem 16. Jh.	Gegenstände aus dem 16. und 17. Jh.	
		19.–20. Jh.	Votivketten und verschiedene Gegenstände	einige hundert
		2005	Totus Tuus-Kleid, Monstranz, Rosen (10), Rosenkränze aus Bernsteinstücken	13
Warschau	Warschauer Bernsteinsammlung, Museum der Erde, Polnische Akademie der Wissenschaften	1951	Sammlungen organischer Inklusen, Naturformen, Varietäten, polnische Regionalsammlung, fossile Harze aus aller Welt, Gegenstände, Imitationen	insgesamt 29 500

Stadt	Name des Museums, der Sammlung, der Institution	Sammlungs-gründung	Beschreibung oder Name der Sammlung	Anzahl der Stücke
Warschau	Warschauer Bernsteinmuseum (in einer Galerie)	2014–2016	Bernsteinerzeugnisse, Naturformen, Varietäten, Inklusen, fossile Harze	380
Łomża (Lomscha)	Adam Chętniks Privatsammlung	ca. 1930	regionale Kurpie-Sammlung	700
	Nordmasurisches Museum in Łomża	1948	Adam Chętniks Privatsammlung: Gegenstände der Kurpie-Region und Regionalsammlung von Rohbernstein	
Malbork (Marienburg)	Schlossmuseum	1965	historische Gegenstände Ausgrabungsgegenstände zeitgenössische Arbeiten (bis ca. 1985) Naturstücke	246 52 971 782
Elbląg (Elbing)	Archäologisches und Historisches Museum	1954	Gegenstände aus Truso (8.–12. Jh.), Weklice (Wöklitz), Wybicko (Beiershorst) und Niedźwiedziówka (Bärwalde)	2 150 2 000
			Rohbernstein aus Truso und Wybicko (Beiershorst)	20+2 kg
Danzig	Archäologisches Museum (MAG) ***	1953	aus eigenen Forschungen über das spätmittelalterliche Danzig, 1953–1963	
			wiederentdeckte Helm-Sammlung von vor 1945	10
			archäologische Sicherstellungsarbeiten bis 1963	insgesamt 2 500
	Museum der Bernsteininklusen, Universität Danzig	1998	organische Inklusen, Formen, Varietäten, fossile Harze	13 300
	Bernsteinmuseum, Abteilung des Historischen Museums Danzig	2000	Naturstücke, Inklusen, fossile Harze aus aller Welt, Farbvarietäten des baltischen Bernsteins	558
		eröffnet 2006	Gegenstände v. vor 1945, antike Kunst	7
			zeitgenössische Arbeiten	675
	Gabriela Gierłowskas Privatsammlung	ca. 1999	Imitationen, andere fossile Harze	insgesamt 392
Gdynia (Gdingen)	Museum Gdynia	1983	mit Bernstein verzierte Plakette****	1
Poznań (Posen)	Museum für angewandte Kunst, Abteilung des Nationalmuseums	über viele Jahre zusammengetragen	Relief mit biblischen Szenen aus dem 18. Jh.	2
			Schreibstube für den polnischen Schriftsteller und Historiker J. I. Kraszewski von 1879	1
			Arbeiten von R. Brudzewski von 1970	73
Stegna (Steegen)	Wojciech Głodziks Bernsteinzimmer-Museum	1990	einmalige Rohbernsteinstücke, organische Inklusen, Varietäten, Fälschungen, Geschichte, fossile Harze	ca. 600
Jarosławiec (Jershöft)	Bernsteinmuseum in Jarosławiec	2009	Sammlungen von Naturformen und Varietäten, Inklusen, fossilen Harzen	ca. 1 500

*Bernsteinausstellung im Gebäude Sebstiana-Straße, wiedereröffnet 2012
** Das Museum beherbergt die alte Schatzkammer, das Arsenal, das Museum zum 600-jährigen Jubiläum. Neue Gegenstände: eine 80 x 60 cm große Monstranz, das Totus-Tuus-Kleid, wird jetzt im Museum zum 600-jährigen Jubiläum aufbewahrt. Votivgaben (ca. 100 Halsketten) hängen in den Kapellen; 10 Bernsteinrosenkränze; Rosenkränze aus der Zeit von Kardinal Wyszyński.
*** Das Danziger Archäologische Museum setzt die Tradition des 1880 gegründeten Westpreußischen Provinzialmuseums fort, das eine umfangreiche Bernsteinsammlung besaß.
**** Mit der Inschrift: Zum Gedenken an die Taufe des Dampfschiffs Gdynia am 3. August 1927 in Gdynia in Anwesenheit von Ignacy Mościcki, Präsident der Republik Polen. Die Stadt Gdynia.

Dies macht den Hauptbestand der Sammlung des Museums der Erde der Polnischen Akademie der Wissenschaften in Warschau aus (Kosmowska-Ceranowicz et al. 2001b). Die Hauptstadt muss sich auf der Bernsteinstraße einen Namen machen. Das Museum ist ein besonderer Ort, wo 1951 damit begonnen wurde fossile Harze zu sammeln, um die nach 1945 klaffende Lücke zu schließen, als die Zentren der Bernsteinforschung umgesiedelt wurden. Danzig und Königsberg waren für viele Jahre verstummt. In Warschau wurde eine Grundlage für zukünftige interdisziplinäre Forschung gelegt. Die Bernsteinabteilung des Museums der Erde, die nicht zuletzt wegen des reichlich vorhandenen Materials als das Hauptzentrum der Bernsteinforschung gilt, leitet diese Forschung in Zusammenarbeit mit Spezialisten aus Polen und dem Ausland. So befinden sich beispielsweise im Ergebnis von Forschungen über Arthropoden durch Paläoentomologen heute 152 Holotypen in der Sammlung, d. h. Stücke von tierischen und pflanzlichen Inklusen, die als Grundlage der Erstbeschreibung vormals unbekannter Arten aufbewahrt werden. Das Ansehen einer Sammlung wächst mit der Anzahl solcher Stücke.

Neue Exponate werden am Museum der Erde wie auch anderswo durch Kauf, Tausch oder Spenden erworben. In den letzten Jahren stammt der Großteil der Stücke aus Schenkungen von Sammlern und Bernsteinjuwelieren, d. h. von Leuten, die um die Bedeutung einmaliger Stücke für die Wissenschaft und für Ausstellungszwecke wissen. Die chronologische Liste der Spender hat längst die Zahl 500 überschritten.

Die Liste beginnt mit Adam Chętnik, der die Bernsteinabteilung am Museum der Erde im Jahr 1951 mit Stücken aus der polnischen Kurpie-Region gründete (Chętnik 1973) und umfasst solche polnischen Spender, wie Cezary Wójciak, Henryk Kulik, Andrzej Wiszniewski, Jan und Helena Podżorski, Gabriela und Wiesław

»Die Magie des Bernsteins« – Teil einer Sonderausstellung des Museums der Erde in Warschau im Museum in Kalisz (Kalisch), Teil des Projekts »Bernstein-Expedition« im Jahr 2010. © M. Kazubski

Gierłowski und endet mit Janusz Fudala, einem Polen, der heute in Amerika lebt, Sammler und Reisender (von 2003 bis November 2010), der zahlreiche Stücke aus aller Welt zusammentrug. Die naturhistorische Bernsteinsammlung des Museums der Erde, eine der weltweit umfangreichsten, liegt nicht in den Magazinen des Museums. Seit fast 60 Jahren ist sie der Öffentlichkeit in Form regelmäßig aktualisierter Dauerausstellungen zugänglich, wenngleich auch immer auf derselben kleinen Ausstellungsfläche. Im Jahr 2006 gestartet ist die Ausstellung »Bernstein – vom flüssigen Harz zur dekorativen Kunst« bereits die achte, die in diesem Raum ausgestellt wird. Alle neu präsentierten enthalten neu erworbene Exponate von immer interessanterem wissenschaftlichem und Ausstellungswert.

Um den Besuchern einen aktuellen Einblick in die Bernsteinforschung zu bieten, werden alle Ausstellungskonzepte durch neue Exponate und Forschungsergebnisse ergänzt. Seit 1977 werden wandernde Sonderausstellungen nach denselben Kriterien für Polen und das Ausland organisiert (darunter Tschechien, Deutschland, Rumänien, Italien und Ungarn). Im Jahr 2007 wurde die Ausstellung »Geschichte und Pracht des Bernsteins« während des Europäischen Bernsteintages in Wieluń (Welun) eröffnet und 2010 die »Magie des Bernsteins« in Kalisz (Kalisch), Polen, im Rahmen einer Partnerschaft, die eine Reihe von Ausstellungen unter dem EU-Projekt »Bernsteinexpedition« umfasste.

Die Erfahrung und Sammlung des Museums der Erde trugen zur Gestaltung gefeierter Ausstellungen solcher Institutionen bei, wie der Kalifornischen Akademie der Wissenschaften, San Francisco (1984), des Naturhistorischen Museums Neuchâtel, Schweiz (1993); des Deutschen Bergbaumuseums Bochum (1996); der EXPO '98 Lissabon; des Kunstmuseums Leuven, Belgien (2005–2006) und des Museums der École nationale supérieure de mines de Paris (Nationale Hochschule für Bergbau) (2010).

Die Forschung an den Exponaten der Warschauer Bernsteinsammlung fokussiert auf Themen wie den historischen Wert und die Geschichte ausgewählter Stücke. Kürzlich erweckte eine antike Halskette aus wunderschönen großen, durchsichtigen, handgearbeiteten, kantig geschliffenen Perlen großes Interesse. Ob dies als Kristallschliff bezeichnet werden kann, obliegt den Experten für alte Edelsteine. Sie ähnelt täuschend einer Halskette im Museum Malbork (Marienburg), von der man bis vor kurzem annahm, dass sie 1610 hergestellt wurde und der Herzogin von Brzeg (Brieg) gehört hat. Volksketten aus dem 19. Jahrhundert, bekannt als Brautketten, hatten einen ähnlichen Schliff.

Sie wurden aus durchsichtigem Bernstein hergestellt und mit großen Zierschnallen befestigt. Halsketten mit Ortsnamen (Halsketten aus Bückeburg, Lindhorst oder Braunschweig) werden im Deutschen Bernsteinmuseum in Ribnitz-Damgarten gezeigt (Erichson & Weitschat 2008; Kosmowska-Ceranowicz 2006). Vielleicht lässt sich ermitteln, ob die Halskette im Museum der Erde in der gleichen Meisterwerkstatt wie die Malborker Kette, die in Wirklichkeit gar nicht der Herzogin von Brzeg (Brieg) gehörte, oder in einer späteren Werkstatt hergestellt wurde. Mit der Rekonstruktion der Halskette der Herzogin anhand der Literatur und ihre vor kurzem erfolgte Übergabe durch Marta Włodarska an das Museum der Schlesischen Piasten-Dynastie in Brzeg gelang die Klärung der Frage nach der Herkunft der Malborker Halskette.

Von Warschau aus kann man nach Łomża (Lomscha) reisen, um die Originalsammlung des Ethnografen Adam Chętnik aus der Kurpie-Region zu besichtigen, jetzt in größeren, neu und interessant gestalteten Räumen. Es ist eine regionale Bernsteinsammlung aus dem Kurpie-Sandergebiet, die sowohl Rohbernstein als auch Gegenstände von Kurpie-Volkskünstlern umfasst.

Der nächste Stopp ist im Schlossmuseum Malbork (Marienburg) mit Exponaten aus dem 16.–18. Jahrhundert, die auf Auktio-

Halskette aus Perlen mit Edelsteinschliff. Sammlung des Museums der Erde, Warschau © M. Kazubski

nen in Europa durch Janina Grabowska und Elżbieta Mierzewińska (1954–2010) erworben wurden und zu den wertvollsten Stücken der Bernsteinkunst von großer historischer Bedeutung gehören (Mierzewińska 1998, Mierzewińska & Żak 2001, Mierzwińska et al. 2000, Sobecka 2013). Kürzlich erhielt des Museum neolithische Stücke aus Niedźwiedziówka (Bärwalde, Krs. Danzig) in Polens Weichselniederung (Żuławy wiślane), die über viele Jahre von einem Team um Ryszard Mazurowski ausgegraben worden waren (Jagodziński 1982). Zeitgenössische Arbeiten wurden regelmäßig bis in die späten 1980er Jahre gesammelt; jetzt werden sie allerdings nur noch sehr selten erworben.

Auf dem Weg nach Danzig kann man bei einem Besuch im Museum in Elbląg (Elbing) eine Menge Informationen über Bernstein und Truso erhalten, die wichtige mittelalterliche Siedlung an der früheren Bernsteinstraße. Auch vom Kurator, dem Archäologen Marek Jagodziński, erfährt man viel darüber, da er die Ausgrabungen leitete und selbst verblüffende Funde aus dem Gebiet für das Museum gesammelt hat. Pruszcz Gdański (Praust) hat ein Open-Air-Museum gestaltet, das sich der Zeit des römischen Einflusses widmet. Es befindet sich auf dem Gelände des Kultur- und Sportzentrums und soll die Kontinuität der Bernsteintradition zeigen, die in Niedźwiedziówka (Bärwalde, Krs. Danzig) im Neolithikum begann.

Bei einer Reise nach Poznań (Posen) sollte man daran denken, dass diese hinsichtlich Bernsteingeschichte relativ unbekannte Stadt ebenfalls wertvolle Stücke besitzt. Im Museum für angewandte Kunst (eine Abteilung des örtlichen Nationalmuseums) werden zwei ovale Bernsteintafeln (5,5 x 7,5 cm) in schwarzen Holzrahmen, die Szenen aus dem Leben Christi darstellen, sorgfältig in einem Magazin aufbewahrt. Diese beiden einmaligen Exponate sind mit den Jahreszahlen 1766 und 1767 beschriftet. Die Tafeln stammen aus der Sammlung von Antoni Madeyski, der verschiedene Gegenstände in Italien gesammelt haben soll. Es ist die Aufgabe von Historikern herauszufinden, ob diese Platten irgendetwas mit den ovalen Reliefmedaillons an den Wänden des Bernsteinzimmers gemeinsam haben.

Ebenso faszinierend ist eine Skulptur aus einem großen Stück Naturkopal (15 x 7,5 cm) in Form einer Seerose, die einen Stamm umrankt und blüht, mit zwei kleinen Froschfiguren, die derzeit im Danziger Bernsteinmuseum ausgestellt ist.

»Nahaufnahmen« – Brosche und Anhänger. Silber mit Bernsteintropfen verziert, von Paulina Binek, 2005. Depotbestand des Museums der Erde, Warschau © P. Binek

Das Museum für angewandte Kunst in Poznań (Posen) bewahrt ebenfalls eine Handarbeit aus der »Bernstein-Brüder«-Firma aus Ostrołęka (Ostrolenka) auf, die als Geschenk für Józef Ignacy Kraszewski (1812–1887) anlässlich des goldenen Jubiläums seiner literarischen Tätigkeit im Jahr 1879 in Krakau angefertigt wurde. Es ist ein Skriptorium, bestehend aus einem achteckigen Tintenfass und einer achteckigen Sandbüchse mit einem scheibenförmigen Deckel, die um die Öffnungen mit einem floralen Fries verziert sind, der in undurchsichtigen gelben Bernstein eingraviert ist, und einem Siegel mit einem Bernsteingriff sowie einer silbernen Scheibe mit dem Monogramm des Schriftstellers. Kraszewski schenkte das »Bernstein-Brüder«-Stück 1884 dem Nationalmuseum.

Im Jahr 1991 erhielt das Museum für angewandte Kunst in Poznań von dem Künstler Ryszard Brudzewski (1910–1991) eine Schenkung: Es war eine Sammlung von 73 Bernsteinobjekten aus den 1970er Jahren, die von dem Künstler selbst gefertigt worden waren. Die Sammlung wurde 1993 ausgestellt. Der Künstler, der annahm, dass »das mechanische Polieren des Bernsteins und das Einsetzen in Metall seine medizinischen Eigenschaften hemmt«, bearbeitete den Rohbernstein nur verhalten und nutzte anstatt Metall Holz, Rinde, Leder, Sackleinwandstreifen und sogar Heu. Brudzewskis Arbeiten, Gürtel und kleine Schmuckstücke, zeichnen sich durch den Respekt vor den Naturformen und die Betonung der schönsten Oberflächen aus.

Noch ein anderes Exponat, das sich seit 1988 im Museum für angewandte Kunst in Poznań befindet, ist wegen seiner Geschichte bedeutsam. Es ist ein Silberarmband mit Bernstein aus der Schatzkammer des Nationalen Verteidigungsfonds, das ein Beispiel der

Mode aus der Zeit zwischen dem Ersten und Zeiten Weltkrieg ist. Das Armband ist ein gerillter Streifen aus Silberblech, an dessen Enden ein Doppelrahmen mit einem 3,9 x 3 cm großen Cabochon aus »goldenem Bernstein mit Inklusen« (laut Museumsregister) hängt.

Wieluń (Welun) hat die Idee der touristischen Bernsteinstraße etwas anders umgesetzt, nämlich in Form der Fokussierung auf die Importe von der römischen Straße, die die Obere Weichsel mit der Oberen Warthe verband, und die Bernsteingegenstände der frühen Bronzezeit. Gegründet im Jahr 2006 initiierte die Polnische Bernsteinstraßen-Gesellschaft zusammen mit dem Museum der Region Wieluń (Welun) ein mehrjähriges Projekt unter der Überschrift »Die Warthe-Bernsteinstraße«, die den jährlichen Europäischen Bernsteintag einschließt. Bernsteinausstellungen, internationale Symposien und farbenfrohe Umzüge prägen regelmäßig diese Feierlichkeit.

Die Ausstellung »Geschichte und Pracht des Bernsteins« im Regionalmuseum Wieluń (Welun), Polen, 2007. © B. Kosmowska-Ceranowicz

Bernsteinimitationen

Obwohl baltischer Bernstein ein fossiles Harz von höchster Qualität mit besonderen Eigenschaften und einer einmaligen Vielfalt an Varietäten ist und ein Harz, das schon »seit jeher« vom Menschen verwendet wurde, sollte man sowohl einige Kenntnis über andere fossile Harze als auch über Imitationen und Fälschungen besitzen. Subfossile Harze gelten im 21. Jahrhundert, genau wie Succinit, als besonders gut bearbeitbar und erobern, ob man will oder nicht, den Weltmarkt. Tatsächlich haben sie ihn schon erobert. Sofern man nichts über sie weiß, läuft man Gefahr Fälschungen zu erwerben, die zwar manchmal hübsch sein können, aber trotzdem als Naturbernsteinerzeugnis und damit falsch deklariert verkauft werden.

Worauf bezieht sich die Bezeichnung Bernsteinimitation? Laut Wörterbuch ist eine Imitation eine (minderwertige) Nachahmung eines wertvolleren Materials oder Gegenstandes. Und was ist eine Fälschung? Das ist jede Nachahmung von Bernstein mit der Absicht zu verbergen, dass sie nicht aus Bernstein besteht.

Das Problem von Imitationen und damit Fälschungen ist gegenwärtig ein sehr heißes Thema und wesentlich vielfältiger als allein die Inklusenfälschungen, die es früher hauptsächlich betraf.

Ein rezenter Frosch, eingepasst in ein Stück baltischen Bernstein von mindestens 40 Mio. Jahren. Exemplar aus der Sammlung L. Myrta © G. Gierłowska

Horus-Fugur aus Ägypten – eine Polyester-Imitation. Sammlung des Museums der Erde, Warschau
© M. Kazubski

Abgesehen von Erzeugnissen, die aus Bernsteinimitationen bestehen und die es schon lange gibt, tauchen seit kurzem auch gefälschte Rohbernsteinstücke auf. Eine der ältesten und nicht so anspruchsvollen Bernsteinimitationen ist Glas, das vor allem für Raucherutensilien, Halsketten und Rosenkränze verwendet wurde. Selbst heute ist es noch kompliziert, die Art der Imitation zu bestimmen. Mit bloßem Auge kann ein Experte nur die häufigsten Imitationen erkennen, wie Glas oder die alten und bereits berühmten dunkelroten Halsketten, die angeblich aus Simetit, aber tatsächlich aus Novolack bestehen.

Obwohl eine erste Identifikation mit der IRS-Methode gewöhnlich für andere fossile Harze als Succinit erforderlich ist, ist es schwierig, jeden vom Fairplay im Schmuckhandel zu überzeugen. In Zeiten von Rohbernsteinmangel werden zunehmend alle Bernsteinverarbeitungstechniken in Autoklaven und das Pressen angewendet. Hohe Temperatur und hoher Druck werden eingesetzt, um Bernstein mit jungen (subfossilen) oder sogar Kunstharzen zu vermischen. Dies ergibt hervorragende Imitationen, die schwierig aber nicht unmöglich zu erkennen sind.

Imitationen aus subfossilen Harzen – Kopal

Bevor synthetische Harze auf dem Markt auftauchten, gab es Erzeugnisse aus Kopal, dem natürlichen subfossilen Harz. Eines der ersten vielfältig genutzten war der in Neuseeland weithin bekannte Kauri-Kopal von der Kaurifichte (*Agathis australis*). Kopal ist ein guter Werkstoff, wobei die Bearbeitungstechniken an seinen Schmelzpunkt, der niedriger als der von Bernstein ist, angepasst sein müssen.

Es war reiner Kopal, der in Gebrauch kam. Manchmal wurden Bernsteinpulver oder -körner beigemischt, um bei Raucherutensilien den Duft beim Rauchen zu verbessern. Dennoch sahen unlackierte Kopalerzeugnisse schmutzig aus, klebten in der Hand und verloren ihren Glanz. Die Preise solcher Imitationen waren zehnmal niedriger als die von Naturbernsteinerzeugnissen. Naturkopal ist farblos, wobei die Oberfläche manchmal aufgrund der Verwitterung nachdunkelt (bei kolumbianischem Kopal beige).

Die beste Methode eine Kopalimitation zu entlarven ist, das Stück mit in Ether getauchter Baumwolle zu reiben (manchmal reicht Azeton). Diese hinterlässt einen matten Fleck oder klebt am Kopal, während die Oberfläche des Gegenstandes klebrig wird. Bei der Behandlung mit Ether zeigen sich hingegen bei Bernstein erst nach zwei Wochen geringe Veränderungen auf der Oberfläche.

Mit dem 21. Jahrhundert tauchte kolumbianischer Kopal (von Laubbäumen aus der Familie der Schmetterlingsblütengewächse – Leguminosae) in Polen auf. Dieser Kopal härtet gut, wodurch er leicht zu bearbeiten und gut zu polieren ist. Seine Farben ähneln denen von Bernstein, obwohl sie manchmal sehr verschieden sind – grünlicher Kopal erweckt bei den Experten Zweifel, ist aber oft bei den Kunden beliebt.

Kopal aus Malaysia und Indonesien (Dammarharz von Laubbäumen aus der Familie Flügelfruchtgewächse – Dipterocarpaceae) und von den Philippinen (Manilakopal vom Dammarbaum – *Agathis dammara*) werden immer beliebter, und zwar sowohl bei den Händlern von solchem Material als auch bei den polnischen Bernsteinjuwelieren, die aufgrund der Verknappung von Bernstein gezwungen sind, nach natürlichen Ersatzstoffen zu suchen (Gierłowski 2010).

Gabriela Gierłowska, eine der renommiertesten Kennerinnen von Bernsteinfälschungen und -imitationen auf der AMBERIF in Danzig 2014. © R. Wimmer

Imitationen aus synthetischen Harzen

Imitationen aus synthetischen Harzen sind weniger kostbar als solche aus Kopal. Als Bernsteinimitation verwendeter Kunststoff wird je nach seinem Temperaturverhalten in zwei Gruppen unterteilt: Thermoplast und Duroplast. Thermoplast wird beim Erhitzen bei ca. 250 °C weich, was ein reversibler Prozess ist. Duroplast härtet irreversibel.

Zelluloid ist auch als antiker Bernstein bekannt. Es wird aus Zellulosenitrat (Nitrozellulose) und Kampfer hergestellt (der Grund für den Geruch beim Erhitzen) oder aus Essigsäure und Zellulose (Azetylzellulose) und mit Farbstoffen versetzt. Diese Imitationen lassen sich leicht an ihrem Geruch und dem Brennen mit lodernder Flamme erkennen.

Der Beginn des Zelluloids reicht zurück bis 1869, als es in Newark, NJ, von den Gebrüdern Hyatt aus Baumwolle, Papier und Holzabfall, die gebleicht und dann gemahlen werden mussten, hergestellt wurde. Die erste Zelluloidfabrik in den USA nahm ihre Produktion 1872 auf. Die eingeweichte Masse pulverisierter Zellulose ergab mit Schwefelsäure und Salpeter versetzt Schießbaumwolle. Die gut gereinigte und getrocknete Baumwolle wurde in hydraulischen Pressen nach Zusatz von 40 – 50 % Kampfer und Farbe hohem Druck bei einer Temperatur von 70 °C ausgesetzt.

Vorsichtig auf 100 °C erwärmt wird Zelluloid formbar. Allerdings ist es leicht entflammbar, brennt rasch mit rußender Flamme und explodiert bei 140 °C, sodass die Massenproduktion zeitweise unterbrochen war. Nach dem Zweiten Weltkrieg hat Zelluloid seine Bedeutung als Bernsteinimitat in Polen verloren. Heute bestehen Rohbernstein- und Inklusenfälschungen allerdings aus einem Material, das bestimmte Merkmale von Zelluloid besitzt.

Phenoplasten (aus der Duroplast-Gruppe) sind Erzeugnisse aus der Polykondensation von Phenol mit Formaldehyd. Ihre Produktion begann nach 1872, als man entdeckte, dass bei der Reaktion zwischen Phenol und Aldehyd Harz entsteht. Die Massenproduktion begann 1907–1909.

»Hawaiianische« Halskette aus Pressbernstein. Das Produkt wurde 1966 in Danzig hergestellt und über die Volkskunst-Einzelhandelskette Cepelia verkauft. Sammlung des Museums der Erde, Warschau © B. Kosmowska-Ceranowicz

Bakelit war bereits 1859 bekannt, wurde aber zum Fälschen von Bernstein erst ca. 1920 verwendet. In der Königsberger Fabrik (1924–1945) wurde es als billigerer Bernsteinersatz genutzt und schlug Bernstein sogar in den 1920er Jahren. Bakelit aus Afrika ist als afrikanischer Bernstein bekannt.

Resolan und Novolack lassen sich färben, besitzen einen schönen Glanz und sind transparent. In der Sammlung des Museums der Erde sind sie mit Tafeln vertreten, die zur Herstellung von Ornamenten verwendet wurden und in der Fabrik für Bernsteinerzeugnisse im Danziger Stadtteil Wrzeszcz (Langfuhr) 1957 produziert wurden. Es stellte sich heraus, dass sowohl eine afrikanische Halskette, die vom Museum der Erde 1973 als natürlicher »afrikanischer Bernstein« gekauft worden war, als auch ein in Opole (Oppeln), Polen, hergestelltes Modell, das die Ansammlung von Harz auf dem Waldboden darstellt, aus Resolan bestehen.

Im 19. Jahrhundert wurden die besten Imitationen in Europa aus Novolack hergestellt. Sie ahmten Harze wie Rumänit und Simetit nach. Ihre typischen dunkelroten Farben und die sehr gute Politur lassen sie wie antike Halsketten aussehen. In Polen tauchten sie nach dem Zweiten Weltkrieg bei der Antiquitäten-Einzelhandelskette Desa auf, wo sie erfolgreich als antiker Bernstein verkauft wurden.

Galalit, auch als Kunsthorn bekannt, ist ein Kunststoff dessen Name sich aus den griechischen Wörtern für Milch und Stein ableitet. Es entsteht durch Härtung von Kasein mit Formaldehyd und wird seit 1890 produziert. Es wurde auch in der Fabrik für Bernsteinerzeugnisse des Danziger Stadtteils Wrzeszcz (Langfuhr) verwendet.

Polystyrol wird durch die Polymerisation von Styrol gewonnen. Der deutsche Pharmazeut Eduard Simon gewann es 1838 und seine

Bernsteinimitationen aus Thailand
Links: Polyesterperle in Silber gefasst;
Rechts: Polyesteranhänger (rückseitig) in Silber gefasst. Sammlung des Museums der Erde, Warschau
© J. Kupryjanowicz

Produktion begann 1930 zuerst in Deutschland und dann in den USA. Einige Varietäten von Polystyrol lösen sich in Benzol und Toluol.

Polyester werden durch die Polykondensation (Entstehung von Makromolekülen aus Monomeren) mehrfunktionaler Alkohole mit Polycarbonsäuren hergestellt. Polyester enthalten 25–40 % Styrol, wodurch ihre IR-Kurven denen von Polystyrol ähneln. Die Firma Reichhold stellte ein Polyester namens Styresol her. Dieser Polyester wird in Russland zur Herstellung kleiner Schmuckstücke verwendet, während man im Westen sehr hübsche Skulpturen, die alten Bernstein nachahmen, findet. Polyester kam in den Jahren 1942–1947 auf den Markt, obwohl er bereits 1936 erfunden wurde. Einige Polyester lösen sich in Azeton, Chloroform, Tetramethylenoxid (Tetrahydrofuran) und Benzol. Heute werden in Thailand schön polierte Stücke (Halbfertigprodukte) aus transparentem Polyester (mit Schuppen und der IR-Kurve von Styrol) als alter Bernstein angeboten.

Bei der Untersuchung der o. g. Imitationen mittels IR-Tests ergeben sich typische Spektren, die sich unter den einzelnen Typen nicht gleichen, was von den unterschiedlichen Anteilen der Bestandteile in der Mischung herrührt. Und um die immer neuen Imitationen, die auf dem Markt auftauchen, zu identifizieren, wird für die IR-Kurven zunehmend umfangreicheres Vergleichsmaterial benötigt.

Es ist ein offenes Geheimnis, dass nicht nur synthetische Harze oder gehärtete subfossile Harze, sondern auch modifizierte fossile

Links: Halskette aus synthetischem Harz (Resolan) (980 g), als »Afrikanischer Bernstein« vom Anbieter etikettiert. Hergestellt in Afrika. Sammlung des Museums der Erde, Warschau © M. Kazubski

Rechts: Halskette aus dem Bernsteinimitat Novolack. Sammlung des Museums der Erde, Warschau © M. Kazubski

Harze (neben Succinit), einschließlich modifizierter Naturbernstein (gepresst, autoklaviert oder beispielsweise in Lauge oder anderen Flüssigkeiten getränkt) sowohl von Mineralogen als auch Gemmologen als Imitationen (Fälschungen) eingestuft werden.

Die am Museum der Erde in den 1950er Jahren von Zofia Zalewska zusammengetragene Sammlung synthetischer Harzerzeugnisse umfasst heute ca. 165 Exponate. Sie ist allerdings nicht mehr die größte ihrer Art in Polen. Eine beeindruckende Privatsammlung wurde von Gabriela Gierłowska aus Danzig zusammengetragen und wird laufend ergänzt. Diese Sammlungen sind sehr wertvoll für die Forschung, für Vergleiche und zur Weiterbildung. Sie sind auch als Ausstellungsstücke attraktiv. Die Perfektion heutiger Imitate und die zunehmende Notwendigkeit ihrer Identifizierung begründen das große Interesse an solchen Sammlungen.

Anhang

Die Klassifizierung von Schmucksteinen aus baltischem Bernstein (Succinit) und die Klassifizierung von Imitaten des baltischen Bernsteins (Succinit)

Internationale Bernstein-Vereinigung

- Baltischer Naturbernstein (Succinit): Schmuckstein, der mechanisch ohne jegliche Veränderung seiner natürlichen Eigenschaften behandelt wurde (z. B. schleifen, schneiden, drehen oder polieren).
- Modifizierter baltischer Bernstein (Succinit): Schmuckstein, der nur thermischer oder Hochdruck-Behandlung ausgesetzt war, die seine physikalischen Eigenschaften, einschließlich des Grades der Transparenz und der Farbe, verändert hat oder der unter ähnlichen Bedingungen aus einem Stück geformt wurde, nachdem er auf die erforderliche Größe zurechtgeschnitten wurde.
- Kombinierter baltischer Bernstein (Succinit): Schmuckstein, der aus zwei oder mehr Teilen Natur-, modifizierten oder rekonstruierten baltischen Bernsteins besteht, die unter Verwendung der geringstmöglichen Menge von farblosem Bindemittel, das zum Zusammenfügen der Stücke erforderlich ist, verklebt sind.
- Rekonstruierter (gepresster) baltischer Bernstein (Succinit): Schmuckstein, der aus Stücken baltischen Bernsteins bei hoher Temperatur und unter hohem Druck ohne zusätzliche Komponenten hergestellt wird.
- Imitationen von baltischem Bernstein (Succinit) umfassen Rohmaterial, Halbfertigwaren oder Erzeugnisse, die aus für gewöhnlich billigeren Ersatzstoffen bestehen, die an Bernstein erinnern, aber andere Eigenschaften besitzen:
  - Natur- oder modifizierte subfossile Harze, einschließlich kolumbianischer Kopal und neuseeländischer Kauri-Kopal;
  - Kunststoffe: Glas, Zelluloid, Polyester, Phenolharze u. a.
  - Baltischer Bernstein (Succinit), der unter Zugabe von Kunststoffen oder Kopalen gepresst wurde;
  - Krümel von baltischem Bernstein (Succinit), die in natürlichen oder synthetischen Harzen eingebettet sind.

Literatur

Abduriyim, A.; Kimura, H.; Yokoyama, Y.; Nakazono, H.; Wakatsuki, M.; Shimizu, T.; Tansho, M. & Ohki, S. (2009): Characterization of »green amber« with infrared and nuclear magnetic resonance spectroscopy. – Gems and Gemology 45 (3): 158–177, Los Angeles.

Agricola, G. (1546): De natura fossilium Lib. X. – In: De ortu & causis subterraneorum. – Froben und Episcopius, Basel, S. 360–380.

Ahrens, J.; Harms, D.; Dunlop, J. A. & Kotthoff, U. (2019): Pseudoscorpions in Bitterfeld Amber – a survey. – Mauritiana 37: 113–147, Altenburg.

Andersen, K. B. (1995): New evidence concerning the structure, composition, and maturation of Class I (polylabdanoid) resinites. – In: Anderson, K. B. & Crelling, J. B. (Hrsg.): Amber, Resinite and Fossil Resins. – ACS Symposium Series 617: 105–129, American Chemical Society Washington DC.

Anderson, K. B. & Crelling, J. B. (Hrsg.) (1995): Amber, Resinite and Fossil Resins. – ACS Symposium Series 617: XI–XVII, American Chemical Society Washington DC.

Anderson, K. B. & LePage, B. A. (1995): Analysis of Fossil Resins from Axel Heiberg Island, Canadian Arctic. – In: Anderson, K. B. & Crelling, J. C. (Hrsg.) (1995): Amber, Resinite, and Fossil Resins. – ACS Symposium Series 617: 170–192, American Chemical Society Washington DC.

Azar, D. (2010) [2007]: Bursztyn libański – jego wiek i nagromadzenia. – In: Kosmowska-Ceranowicz, B. & Gierłowski, W. (Hrsg.): Bursztyn – poglądy, opinie. Materiały z seminariów Amberif 2005 – 2009, S. 48, Gdańsk, Warszawa.

Azar, D.; Gèze, R.; El-Samrani, A.; Maalouy, J. & Nel, A. (2010): Jurassic amber in Lebanon. – Acta Geologica Sinica (English Edition) 84 (4): 977– 983, Hoboken u. a.

Beck, C. W. (1993): Der Wissensstand über die chemische Struktur und botanische Herkunft des Bernsteins. – Miscellanea archeologica Thaddaeo Malinowski dedicata. Słupsk, Poznań, S. 27–38.

Beck, C. W.; Stout, E. C. & Kosmowska-Ceranowicz, B. (1993): A large find of supposed amber from the Baltic Sea. – Geologiska Föreningens i Stockholm Förhandlingar 115 (Teil 2): 145–150, Stockholm.

Berendt, G. C. (1845): Die im Bernstein befindlichen organischen Reste der Vorwelt. – Nicolai, Berlin, 125 S.

Blumenstengel, H. & Volland, L. (1999): Zur Stratigraphie und Fazies des Tertiärs im Bitterfelder Raum. – unveröff. Bericht Geol. Landesamt Sachsen-Anhalt, 51 S.

Borsuk-Białyncka, M.; Lubka, M. & Böhme, W. (1999): A lizard from Baltic amber (Eocene) and the ancestry of the crown group lacertids. – Acta palaeontologica Polonica 44 (4): 349–382, Warszawa.

Bray, P. S. & Anderson, K. B. (2009): Identification of Carboniferous (320 million years old) Class Ic amber. – Science 326: 132 –134, Washington DC.

Breithaupt, A. (1820): Kurze Charakteristik des Mineral-Systems. – Freiberg, 78 S.

Buddhue, J. D. (1938a): Some new carbon minerals – kansasite described. – The Mineralogist 6 (1): 7–8, 20 – 21, Portland.

Buddhue, J. D. (1938b): Jelinite and associated minerals. – The Mineralogist 6 (9): 9 –10, Portland.

Chętnik, A. (1960): Z rozważań o jantarze w lesie kurpiowskim. – Wszechświat 9: 240 – 243, Kraków u. a.

Chętnik, A. (1973): Jantar w sztuce kurpiowskiej. – Polska Sztuka Ludowa 27 (4): 191–198, Warszawa.

Chętnik, A. (1981): Mały słownik odmian bursztynu. – Prace Muzeum Ziemi 34: 31–38, Warszawa.

Cofta-Broniewska, A. (1999): Amber in the material culture of the communities of the region of Kuiavia during the Roman period. – In: Kosmowska-Ceranowicz, B. & Paner, H. (Hrsg.): Investigations into amber. – Proceedings of the International Interdisciplinary Symposium »Baltic Amber and Other Fossil Resins, 997 Urbs Gyddanyzc – 1997 Gdańsk«, Muzeum Archeologiczne w Gdańsku, S. 2–6, Gdańsk.

Conwentz, H. (1890): Monographie der Baltischen Bernsteinbäume. – Danzig, Comm. Verl. Engelmann, Leipzig, 151 S.

Currie, S. J. A. (1997): A study of New Zealand Kauri copal. – Journal of Gemmology 25 (6): 408 – 416, London.

Czeczott, H. (1961): Skła i wiek flory bursztynów bałtyckich. – Prace Muzeum Ziemi 4: 19 – 45, Warszawa.

Dietrich, H. G. (1975): Zur Entstehung und Erhaltung von Bernstein-Lagerstätten. 1. Allgemeine Aspekte. – Neues Jahrbuch für Geologie und Paläontologie, Abh. 149 (1): 39–72, Stuttgart.

Erichson, U. & Weitschat, U. (2008): Baltischer Bernstein. Entstehung, Lagerstätten, Einschlüsse, Bernstein in der Kunst- und Kulturgeschichte. – Ausstellungskatalog Deutsches Bernsteinmuseum Ribnitz-Damgarten, 192 S.

Fuhrmann, R. & Borsdorf, R. (1986): Die Bernsteinarten des Untermiozäns von Bitterfeld. – Zeitschrift für Angewandte Geologie 32 (12): 309–316, Berlin.

Gazda, L. (Hrsg.) (2016): Lubelski bursztyn. Znaleziska, geologia, złoża, perspektywy. – Państwowa Wyższa Szkoła Zawodowa w Chełmie, Wydawnictwo »m«, 226 S., Chełm, Kraków.

Ghiurca, V. (1990): New Considerations in Romanian Amber. – Prace Muzeum Ziemi 41: 158, Warszawa.

Ghiurca, V. & Vávra, N. (1990): Occurrence and chemical characterization of fossil resins from »Colţi« (District of Buzău, Romania). – Neues Jahrbuch für Geologie und Paläontologie 5: 283–294, Stuttgart.

Giedroyć, A. (1886): Sprawozdania z poszukiwań geologicznych dokonanych w guberni grodzieńskiej i przyległych jej powiatach Królestwa Polskiego i Litwy w roku 1878. [Berichte über die geologische Prospektion, die 1878 im Gouvernement Grodno und in den angrenzenden Bezirken des Königreichs Polen und Litauen durchgeführt wurde.] – Pamiętnik Fizjograficzny 6: 3–16, Warszawa.

Gierłowska, G. (2005): O dawnych kolekcjach bursztynu i gdańskiej jaszczurce (On Old Amber Collection and the Gdansk Lizard.) – Gierłowska, G. (2005): O dawnych kolekcjach bursztynu i gdańskiej jaszczurce (On Old Amber Collection and the Gdansk Lizard.) – Bursztynowa Hossa, 113 S., Gdańsk.

Gierłowski, W. (1999): Bursztyn i gdańscy bursztynnicy. Gdańska Kolekcja 1000-lecia. – Marpress, Gdańsk, 109 S.

Gierłowski, W. (2004): Dzieła pracowni Lucjana Myrty. – In: Myrta, L. (2004): Bursztyn – życie i dzieło Lucjana Myrty. – Album fotografii M. Żaka. – Oficyna Wydawnicza Excalibur, Bydgoszcz, 297 S.

Gierłowski, W. (2005) [1995]: Stan obecny i perspektiwy rozwoju polskiego bursztynnictwa. – In: Kosmowska-Ceranowicz, B. & Gierłowski, W. (Hrsg.) (2005): Bursztyn – poglądy, opinie. – Materialy seminarów z lat 1994 - 2004, S. 217–223, Gdańsk, Warszawa.

Gierłowski, W. (2010) [2008]: Wahania podaży surowca bursztynowego w latach 1981–2006. – In: Kosmowska-Ceranowicz, B. & Gierłowski, W. (Hrsg.): Bursztyn – poglądy, opinie. – Materiały z seminariów Amberif 2005 - 2009, S. 209–216, Gdańsk, Warszawa.

Goeppert, H. R. & Berendt, G. C. (1845): Der Bernstein und die in ihm befindlichen Pflanzenreste der Vorwelt. Bd. 1. – Nicolai, Berlin, 125 S.

Grimaldi, D. A.; Beck, C. W. & Boon, J. J. (1989): Occurrence, chemical characteristics, and paleontology of the fossil resins from New Jersey. – American Museum Novitates 2948 (8): 1–27, New York.

Grimaldi, D. A.; Lillegraven, J. A.; Wampler, T. W.; Bookwalter, D. & Shedrinsky, A. (2000): Amber from Upper Cretaceous through Paleocene strata of the Hanna Basin, Wyoming, with evidence for source and taphonomy of fossil resins. – Rocky Mountain Geology 35 (2): 163–204, Laramy, WY.

Grimaldi, D. A; Engel, M. S. & Nascimbene, P. C. (2002): Fossiliferous Cretaceous amber from Myanmar (Burma). Its rediscovery, biotic diversity, and paleontological significance. – American Museum Novitates 3361: 1–71, New York.

Gruszczyńska, A. (1999): Amber-workers of the fourth and fifth centuries AD from Świlcza near Rzeszów. – In: Kosmowska-Ceranowicz, B. & Paner, H. (Hrsg.): Investigations into Amber. – Proceedings of the International Interdisciplinary Symposium: »Baltic Amber and Other Fossil Resins, 997 Urbs Gyddanyzc – 1997 Gdańsk«, 2.–6. September 1997, Gdańsk, Muzeum Archeologiczne w Gdańsku, S. 183–190, Gdańsk.

Haczewski, J. (1838): O bursztynie. – Sylwan 14 (1/2): 191–251, Warszawa.

Helm, O. (1878): Gedanit, ein neues fossiles Harz. – Archiv der Pharmazie 10 (6): 8–12, Weinheim.

Helm, O. (1881a): Mittheilungen über Bernstein. III. Glessit, ein neues in Gemeinschaft von Bernstein vorkommendes fossiles Harz. – Schriften der Naturforschenden Gesellschaft in Danzig, N. F. 5 (1/2): 1–6, Danzig.

Helm, O. (1881b): Mittheilungen über Bernstein. IV. Ueber sicilianischen und rumaenischen Bernstein. – Schriften der Naturforschenden Gesellschaft in Danzig, N. F. 5 (1/2): 291–296, Danzig.

Helm, O. (1891): Mittheilungen über Bernstein. XV. Ueber den Succinit und die ihm verwandten fossilen Harze. – Schriften der Naturforschenden Gesellschaft in Danzig, N. F. 7 (4): 189–203, Danzig.

HELM, O. (1894): Mittheilungen über Bernstein. XVI. Ueber Birmit, ein in Oberbirma vorkommendes fossiles Harz. – Schriften der Naturforschenden Gesellschaft in Danzig, N. F. 8 (3): 1–4, Danzig.

HELM, O. & CONWENTZ, H. (1886): Sull ambra di Sicilia. – Malpighia 1: 49–56, Messina.

HELWING, G. A. (1717–1720): Lithographia Angerburgica, Sive Lapidum Et Fossilium, In Districtu Angerburgensi & ejus vicinia, ad trium vel quatuor milliarium spatium. – Stelter, Regiomonti [Königsberg], 91 S.

HILLMER, G.; WEITSCHAT, W. & VÁVRA, N. (1992): Bernstein in Borneo. – Naturwissenschaftliche Rundschau 45: 72–74, Stuttgart.

JAGODZIŃSKI, S. (1982): Materiały neolityczne znad Zalewu Wiślanego. – Rocznik Elbląski 9: 215–241, Elbląg.

KOSTIASHOVA, Z. & YAKOVLEVA, L. (2007): The Baltic Amber from the Collection in the State Heremitage Museum. Catalogue of the Exhibition in the Kaliningrad Museum of Amber 19th May–29th July 2007. – Sankt Petersburg, 175 S.

JAŻDŻEWSKI, K. & KULICKA, R. (2000): Ein neuer Flohkrebs (Crustacea) in Baltischem Bernstein. – Fossilien 17 (1): 24–26, Korb.

JESKOV, K. J. (2002): Fossil resins. – In: RASNITSYN, A. P. & QUICKE, D. L. (Hrsg.): History of insects. – Kluwer Acad. Press, Dordrecht, Boston, London, S. 427–436.

KARWOWSKI, Ł. & MATUSZEWSKA, A. (1999): Inorganic and organic components of water obtained during autoclaving of Baltic amber. – Estudios del Museo de Ciencias Naturales de Alava 14 (Núm. esp. 2): 63–72, Vitoria-Gasteiz.

KATINAS, V. (1971): Jantar i jantarenosnye otloženija Južnoj Pribaltiki. – Litovskij Naučno-Issledovatel'skij Geologorazvedočnyj Institut. Upravlenie Geologii 20: 1–150, Vilnius.

KATINAS, V. (1987): O proiskhozhdenii jantarja (Über die Herkunft des Bernsteins). – Prawda, 31.10.1987, Moskau.

KAZUBSKI, M. (2016): Burmite. Can it compete with succinite? – Bursztynisko 38: 43–45, Gdańsk.

KENTMANN, J. (1565): Nomenclaturae rerum fossilium, que in Misnia praecipue, & in alijs quoque regionibus inveniuntur. – Gesnerius, Tiguri [Zürich], 95 S.

KHARIN, G.; EMELYANOV, E. M. & ZAGORODNICH, V. A. (2004): Paleogene mineral resources of the SE Baltic Sea and Sambian peninsula. – Zeitschrift für Angewandte Geologie, Sonderheft 2: 63–72, Stuttgart.

KLEBS, R. (1882): Die Handelssorten des Bernsteins. – Jahrbuch der Königlich Preussischen geologischen Landesanstalt und Bergakademie zu Berlin (1882) 3: 404–435, Berlin.

KLEBS, R. (1890): Über die Fauna des Bernsteins. – Tageblatt der 62. Versammlung Deutscher Naturforscher und Ärzte, Heidelberg 1889: 268–271, Heidelberg.

KLEBS, R. (1897): Cedarit, ein neues bernsteinähnliches fossiles Harz Canadas und sein Vergleich mit anderen fossilen Harzen. – Jahrbuch der Königlich Preussischen geologischen Landesanstalt und Bergakademie zu Berlin (1896) 17: 199–230, Berlin.

KLINGER, H. & PITSCHKI, R. (1884): Ueber den Siegburgit. – Berichte der Deutschen Chemischen Gesellschaft 17: 2741–2746, Berlin.

KÖRMENDY, R. & NEUWALD, H. K. (1997): Ajkait – ein ungarischer Bernstein. – Fundgrube 3/4: 92–97, Berlin.

KOHLMAN-ADAMSKA, A. (1997): Rekonstrukcja lasu »bursztynowego« na podstawie inkluzji roślinnych w bursztynie bałtyckim. – Muzeum Ziemi, Warszawa, Konferencje naukowe, Streszczenia referatów 8: 26–27, Warszawa.

KOHLMAN-ADAMSKA, A. (2003): Bursztynodajny las trzeciorzędowy. – In: KOSMOWSKA-CERANOWICZ, B. & CHOIŃSKA-BOCHDAN, E.: Z bursztynem przez tysiąclecia. – Muzeum Archeologiczne w Gdańsku, S. 11–13, Gdańsk.

KOSMOWSKA-CERANOWICZ, B. (1986): Bernsteinfunde und Bernsteinlagerstätten in Polen. – Zeitschrift der Deutschen Gemmologischen Gesellschaft 35 (1/2): 21–26, Stuttgart.

KOSMOWSKA-CERANOWICZ, B. (1995): Das Bernstein führende Tertiär des Chłapowo-Samland Delta. – In: WEIDERT, W. K. (Hrsg.): Klassische Fundstellen der Paläontologie, Bd. III. – Goldschneck-Verl., Korb, S. 180–190.

KOSMOWSKA-CERANOWICZ, B. (1996): Zbiory bursztynu w Muzeum Przyrodniczym we Lwowie, dawnym Muzeum im. Dzieduszyckich. – Prace Muzeum Ziemi 44: 55–60, Warszawa.

Kosmowska-Ceranowicz, B. (1999): Succinite and some other fossil resins in Poland and Europe (Deposits, finds, features and differences in IRS). – Estudios del Museo de Ciencias Naturales de Alava 14 (Núm. esp. 2): 73–117, Vitoria-Gasteiz.

Kosmowska-Ceranowicz, B. (2005): Mikrostruktury bursztynu i jego imitacji. – Bursztynisko 24: 15 –17, 35–37, Gdańsk.

Kosmowska-Ceranowicz, B. (2006): Bursztyn w Ribnitz-Damgarten (Niemcy). Towarto zobaczyć. (Amber in Ribnitz-Damgarten. It's worth seeing.). – Bursztynisko 26: 12 –15, 31– 34, Gdańsk.

Kosmowska-Ceranowicz, B. (2008): Gegenüberstellung ausgewählter Bernsteinarten und deren Eigenschaft aus verschiedenen geographischen Regionen. – Exkursionsführer und Veröffentlichungen der Deutschen Geologischen Gesellschaft 236: 61– 68, Hannover.

Kosmowska-Ceranowicz, B. (2010a): Nowy okaz w kolekcji żywic kopalnych świata Muzeum Ziemi [Turcja]. (A new specimen in the Museum of the Earth's world fossil resin collection.). – Bursztynisko 32: 28 – 29, Gdańsk.

Kosmowska-Ceranowicz, B. (2010b): Wyraźnim głosem o »zielonym bursztynie«. (How to make further tests with »green amber« and other imitations.) – Bursztynisko 32: 15 –16, 17, Gdańsk.

Kosmowska-Ceranowicz, B. (2015): Infrared Spectra Atlas of Fossil Resins, Subfossil Resins and Selected Imitations of Amber. – Polska Akademia Nauk, Muzeum Ziemi, Warszawa, S. 1–214.

Kosmowska-Ceranowicz, B. & Fudala, J. (2006): Żywica kopalna czy kopal z Sabah? (Fossil resin or copal from Sabah?) – Bursztynisko 25: 14 –15, 45 – 46, Gdańsk.

Kosmowska-Ceranowicz, B. & Konart, T. (1989): Tajemnice bursztynu. – Sport i Turystyka Verl., Warszawa, 231 S.

Kosmowska-Ceranowicz, B. & Krumbiegel, G. (1989): Geologie und Geschichte des Bitterfelder Bernsteins und anderer fossiler Harze. – Hallesches Jahrbuch für Geowissenschaften 14: 1– 25, Halle/S.

Kosmowska-Ceranowicz, B. & Krumbiegel, G. (1990a): Bursztyn bitterfeldzki i inne żywice kopalne z okolic Halle/NRD. – Przegląd Geologiczny 38 (9): 394 – 440, Warszawa.

Kosmowska-Ceranowicz, B. & Krumbiegel, G. (1990b): Identification of Glessite, Siegburgite and Krantzite from Halle/Saale Region by Infrared Spectroscopy. – 15th General Meeting International Mining Association 1990, Beijing / Peking, Abstracts Vol. 2: 591– 593.

Kosmowska-Ceranowicz, B. & Migaszewski, Z. (1988): O czarnym bursztynie i gagacie. – Przegląd Geologiczny 36 (7): 413 – 421, Warszawa.

Kosmowska-Ceranowicz, B. & Pietrzak, T. (1982): Znaleziska i dawne kopalnie bursztynu w Polsce. – Muzeum Ziemi. Opracowania dokumentacyjne 6, Warszawa.

Kosmowska-Ceranowicz, B. & Ritzkowski, S. (2004): The saved fragment of the Königsberg amber collection in Göttingen. – Prace Muzeum Ziemi 47: 109 –124, Warszawa.

Kosmowska-Ceranowicz, B.; Kociszewska-Musiał, G. & Musiał, T. (1990): Bursztynonośne osady trzeciorzędowe okolic Parczewa. – Prace Muzeum Ziemi 41: 21–35, Warszawa.

Kosmowska-Ceranowicz, B.; Krumbiegel, G. & Vávra, N. (1993): Glessit, ein tertiäres Harz von Angiospermen der Familie Burseraceae. – Neues Jahrbuch für Geologie und Paläontologie 187 (3): 299 – 324, Stuttgart.

Kosmowska-Ceranowicz, B.; Kohlman-Adamska, A. & Grabowska, I. (1997): Erste Ergebnisse zur Lithologie und Palynologie der bernsteinführenden Sedimente im Tagebau Primorskoje. – Metalla: Forschungsberichte des Deutschen Bergbau-Museums 66: 5 –17, Bochum.

Kosmowska-Ceranowicz, B.; Giertych, M. & Miller, H. (2001a): Cedarite from Wyoming: infrared and radiocarbon data. – Prace Muzeum Ziemi 46: 77– 80, Warszawa.

Kosmowska-Ceranowicz, B.; Kwiatkowska, K. & Pielińska, A. (2001b): The amber collection of the Museum of the Earth, PAS, as a source of multidisciplinary research. – In: Butrimas, A. (Hrsg.): Baltic amber. – Proceedings of the international interdisciplinary conference, S. 53 – 63, Vilnius.

Kosmowska-Ceranowicz, B.; Kulicki, C. & Kuźniarski, M. (2008): Mikrokryształy i mikrostruktury w bursztynie i imitacjach. – Prace Muzeum Ziemi 49: 109 –131, Warszawa.

Kosmowska-Ceranowicz, B.; Kulicki, C.; Kupryjanowicz, J.; Marczak, J.; Lundberg, D. & Fudala, J. (2013): Birdtraces in Dominican Amber. – In: Kosmowska-Ceranowicz, B.; Gierłowski, W. & Sontag, E.

(Hrsg.): The International amber researcher symposium »Amber. Deposits – Collections – the Market«, Gdańsk, Poland 22.–23.03.2013, S. 62 – 66, Gdańsk.

KOSMOWSKA-CERANOWICZ, B.; ŁYDŻBA-KOPCZYŃSKA, B. & SACHANBIŃSKI, M. (2016) (2014): Kopalne żywice Indonezji – ich struktury wewnętrzne i formy. – In: KOSMOWSKA-CERANOWICZ, B. & GIERŁOWSKI, W. (Hrsg.): Bursztyn – poglądy, opinie. – Materiały z seminariów Amberif 2010 – 2015, S. 112 –118, Gdańsk, Warszawa.

KOSTIASHOVA, Z. (1999): The productions of jewellery, artistic and fancy goods of the Kaliningrad Amber Factory (1945–1996). – In: KOSMOWSKA-CERANOWICZ, B. & PANER, H. (Hrsg.): Investigations into Amber. – Proceedings of the International Interdisciplinary Symposium: »Baltic Amber and Other Fossil Resins, 997 Urbs Gyddanyzc – 1997 Gdańsk«, 2.–6. September 1997, Gdańsk, Muzeum Archeologiczne w Gdańsku, S. 269 – 274, Gdańsk.

KOSTIASHOVA, Z. (2003): Kolekcja Kaliningradzkiego Muzeum Bursztynu. – Polski Jubiler 18: 42 – 46, Warszawa.

KOSTIASHOVA, Z. (2007): Kaliningradzki Kombinat Bursztynu – historia i perspektywy. – Przegląd Geologiczny 55 (10): 843 – 844, Warszawa.

KOSTIASHOVA, Z. & YAKOVLEVA, L. (2007): The Baltic Amber from the Collection in the State Heremitage Museum. Catalogue of the Exhibition in the Kaliningrad Museum of Amber 19th May – 29th July 2007. – Sankt Petersburg, 175 S.

KOSTYNIUK, M. (1960): Nowozelandzka kauri a pochodzenie bursztynu. – Wszechświat 19: 263 – 266, Kraków u. a.

KRUMBIEGEL, G. (1999): Beckerit aus dem Tagebau Goitsche bei Bitterfeld (Sachsen-Anhalt, Deutschland). – In: KOSMOWSKA-CERANOWICZ, B. & PANER, H. (Hrsg.): Investigations into Amber. – Proceedings of the International Interdisciplinary Symposium: »Baltic Amber and Other Fossil Resins, 997 Urbs Gyddanyzc – 1997 Gdańsk«, 2.–6. September 1997, Gdańsk, Muzeum Archeologiczne w Gdańsku, S. 231–239, Gdańsk.

KRUMBIEGEL, G. & KOSMOWSKA-CERANOWICZ, B. (2007): Die Arten des Bitterfelder Bernsteins. – Bitterfelder Heimatblätter Sonderheft 2007: 43 – 64, Bitterfeld.

KRUMBIEGEL, G.; KRUMBIEGEL, B. & KOSMOWSKA-CERANOWICZ, B. (1999): Reste der Bernsteinsammlung Otto Helm im Nachlass von Heinrich Wienhaus. – In: KOSMOWSKA-CERANOWICZ, B. & PANER, H. (Hrsg.): Proceedings of the International Interdisciplinary Symposium: »Baltic Amber and Other Fossil Resins, 997 Urbs Gyddanyzc – 1997 Gdańsk«, 2.–6. September 1997, Gdańsk, Muzeum Archeologiczne w Gdańsku, S. 247– 259, Gdańsk.

KULICKA, R. (1996): Bursztyn ze zbiorów Muzeum Ziemi PAN w Muzeum Regionalnym w Rogoźnie Wielkopolskim. – Przegląd Geologiczny 44 (9): 889 – 890, Warszawa.

KULICKA, R. & KOSMOWSKA-CERANOWICZ, B. (2001): Historia i znaczenie kolekcji Tadeusza Giecewicza. – In: Bursztynowy skarbiec. Katalog kolekcji Tadeusza Giecewicza. – Muzeum Ziemi, Opracowania dokumentacyjne 18: 13–16, Warszawa.

LANGENHEIM, J. (1963): Present status of botanical studies of ambers. – Botanical Museum Leaflets, Harvard Univ. 20: 225 – 287, Cambridge, MA.

LANGENHEIM, J. H. (1966): Botanical source of amber from Chiapas, Mexico. – Ciencia 24 (5/6): 201– 210, Mexico.

LANGENHEIM, J. H. (1995): Biology of amber-producing trees. Focus on case studies of *Hymenaea* and *Agathis*. – In: ANDERSON, K. B. & CRELLING, J. C. (Hrsg.) (1995): Amber, Resinite, and Fossil Resins. – ACS Symposium Series 617: 1–31, American Chemical Society Washington DC.

LANGENHEIM, J. H. (2003): Plant Resins: Chemistry, Evolution, Ecology, and Ethnobotany. – Timber Pess, Portland, Cambridge, 586 S.

LANGENHEIM, J. H. & BECK, C. W. (1968): Catalogue of infrared spectra of fossil resin (Ambers) in North and South America. – Harvard Univ., Botanical Museum Leaflets 22 (3): 65 –120, Cambridge, MA.

LASAULX, A. (1875): Siegburgit, ein neues fossiles Harz. – Neues Jahrbuch für Mineralogie, Geologie und Paläontologie 1875: 128 –133, Stuttgart.

ŁAZOWSKI, L. (2004): Stan poszukiwań bursztynu w osadach holoceńskich Pobreża Bałtyckiego. – Prace Muzeum Ziemi 47: 43 – 56, Warszawa.

ŁAZOWSKI, L. & BUJAKOWSKA, K. (2002): Projekt prac geologiczno-poszukiwawczych za nagromadzeniem bursztynu w pasie pobrzeża Bałtyku. – Archiwum Geologiczne Urzędu Marszałkowskiego w Gdańsku.

Łazowski, L. & Bujakowska, K. (2004): Dokumentacja geologiczna złoża bursztynu »Stegna«, »Sztutowo« – pole I, »Sztutowo« – pole II w kat. D. – Centralne Archiwum Geologiczne Państwowego Instytutu Geologiczny Warszawa.

Leciejewicz, K. (1996): Odmiany bursztynu bałtyckiego. – In: Bursztyn skarb dawnych mórz. – Oficyna Wydawnicza Sadyba, Warszawa, S. 13–16.

Linstow, O. v. (1912): Die geologischen Verhältnisse von Bitterfeld und Umgebung. – Neues Jahrbuch für Mineralogie, Geologie und Paläontologie, Beil. 33: 754–830, Stuttgart.

Matuszewska, A. (2011): Organische Bestandteile in Wasser aus autoklaviertem Succinit. – In: Kosmowska-Ceranowicz, B. & Vávra, N. (Hrsg.): Eigenschaften des Bernsteins und anderer fossiler Harze aus aller Welt. – Proceedings of the conference at the Scientific Centre of the Polish Academy of Sciences in Vienna, 21st–22nd June 2010, S. 79–107, Wien.

Matuszewska, A. (2019): The comparison of structure and properties of fossil resins of the glessite type (from Germany, Europe) and of the dammar type (from Malaysia, Southeast Asia). – Mauritiana 37: 42–57, Altenburg.

Matuszewska, A. & Kurkiewicz, S. (2011): Bernsteinsäure in Succinit – Genese und quantitative Analyse. – In: Kosmowska-Ceranowicz, B. & Vávra, N. (Hrsg.): Eigenschaften des Bernsteins und anderer fossiler Harze aus aller Welt. Proceedings of the conference at the Scientific Centre of the Polish Academy of Sciences in Vienna, 21st–22nd June 2010, S. 109–119, Wien.

Matuszewski, A. (1995): Złoże bursztynu w Wiślince. – Muzeum Ziemi, Warszawa, Konferencje naukowe, Streszczenia referatów 5, Warszawa.

McCoy, V. E.; Boom, A.; Solórzano Kraemer, M. M. & Gabbot, S. E. (2017): The chemistry of American and African amber, copal, and resin from the genus *Hymenaea*. – Organic Geochemistry 113 (November 2017): 43–54, Oxford u. a.

McKeller, R. C.; Wolfe, A. P.; Tappert, R. & Muehlenbachs, K. (2008): Correlation of Grassy Lake and Cedar Lake ambers using infrared spectroscopy, stable isotopes, and palaeoentomology. – Canadian Journal of Earth Sciences 45: 1061–1082, Ottawa.

Menge, A. (1858): Beitrag zur Bernsteinflora. – Neueste Schriften der Naturforschenden Gesellschaft in Danzig 6: 1–18, Danzig.

Mierzwińska, E. (2001): Bursztyn w sztuce. Katalog wybranych obiektów ze zbiorów Muzeum Zamkowego w Malborku. – Muzeum Zamkowe, Malbork, 110 S.

Mierzwińska, E. & Żak, M. (2001): Wielka księga bursztynu. – Muzeum Zamkowe, Malbork, Oficyna Wydawnicza Excalibur, Bydgoszcz, 151 S.

Mierzwińska, E.; Mierzwiński, M. & Żak, M. (2000): Bernsteinschätze aus der Marienburg. – Katalog zur Ausstellung im Ostpreußischen Landesmuseum Lüneburg. Oficyna Wydawnicza Excalibur, Bydgoszcz, 36 S.

Murgoci, G. M. (1902): Zăcemintele succinului din România (Chihlimbar Românesc). Monografia unui mineral din ţară. – Göbl, Bucureşti, S. 1–57.

Myrta, L. (2004): Bursztyn – życie i dzieło Lucjana Myrty. – Album fotografii M. Żaka. (Leben und Werk von Lucjan Myrta. Bildband von Marek Żak). – Oficyna Wydawnicza Excalibur, Bydgoszcz, 297 S.

Neascu, A. (2010): Amber in Romania. – In: Evelpidou, N.; De Figueiredo, F.; Mauro, F.; Tecim, V. & Vassilopoulos, A.: Natural Heritage from East to West. Case studies from 6 EU countries. – Springer, Heidelberg u. a., S. 71–77.

Nel, A. & De Ploëg, G. (2010) [2007]: Bursztyn francuski – jego wiek i nagromadzenia. – In: Kosmowska-Ceranowicz, B. & Gierłowski, W. (Hrsg.) (2010): Bursztyn – poglądy, opinie. – Materialy seminarów z lat 2005–2009, S. 37–38, Gdańsk, Warszawa.

Niedźwiedzki, J. (1908): O bursztynach z Karpat Galicyjskich. – Kosmos 33 (10–12): 529–535, Lwów.

Perkovskyi, E. E.; Zosimowich, V. Y. & Vlaskin, A. Y. (2003): Rovno amber fauna: a preliminary report. – Acta Zoologica Cracoviensia 46: 423–430, Kraków.

Pierre-Olivier, A.; De Franceschi, D.; Flynn, J. J.; Nel, A.; Baby, P.; Benammi, M.; Caldero, Y.; Espurt, N.; Goswami, A. & Salas-Gismondi, R. (2005): Amber from western Amazonia reveals Neotropical diversity during the middle Miocene. – Proceedings of the National Academy of Sciences of the United States of America 103 (37): 13595–13600, Washington.

Pieszczek, E. (1880): Ueber einige neue harzähnliche Fossilien des ostpreussischen Samlandes. – Archiv der Pharmacie 14 [217] (6): 433–436, Weinheim.

Poinar, G.O. Jr. (1991): *Hymenaea protera* sp. n. (Leguminosae, Caesalpinioideae) from Dominican amber has African affinities. – Cellular and Molecular Life Sciences 47 (19): 1075–1082, Cham, Basel u.a.

Poinar, G.O. Jr. & Haverkamp, J. (1985): Use of pyrolysis mass spectrometry in the identification of amber samples. – Journal of Baltic Studies 16 (3): 210–221, London u.a.

Popov, S.V.; Shcherba, I.G. & Stoliarov, A.S. (2004): Map 1 – Late Eocene (Priabonian – Beloglinian). – In: Popov, S.V.; Rögl, I.F.; Rozanov, A.Y.; Steininger, F.F.; Shcherba, I.G. & Kovac, M. (Hrsg.): Lithological-paleographic maps of Parathetys. 10 maps Late Eocene to Pliocene. – Courier Forschungsinstitut Senckenberg 250: 1–40, Frankfurt/M.

Raciborski, M. (1891): Bursztyn i roślinność lasu bursztynowego. – Wszechświat 10 (23): 353–356, Warszawa.

Rascher, J.; Wimmer, R.; Krumbiegel, G. & Schmiedel, S. (Hrsg.) (2008): Bitterfelder Bernstein versus Baltischer Bernstein: Hypothesen, Fakten, Fragen. II. Bitterfelder Bernsteinkolloquium. – Exkursionsführer und Veröffentlichungen der Deutschen Gesellschaft für Geowissenschaften 236: 1–166, Hannover.

Rascher, J.; Rappsilber, I. & Wimmer, R. (2013): Bitterfelder Bernstein und andere fossile Harze aus Mitteldeutschland – III. Bitterfelder Bernsteinkolloquium. – Exkursionsführer und Veröffentlichungen der Deutschen Gesellschaft für Geowissenschaften 249: 1–148, Hannover.

Ritzkowski, S. (1996): The remains of the former Amber-Collection of the Albertus-University at Königsberg/Pr., now at Göttingen (Germany). – Amber & Fossils 1: 1–6, Kaliningrad.

Ritzkowski, S. (1999): Die Eidechse *Nucras succinea*, Boulenger 1917, der ehemaligen Königsberger Bernsteinsammlung. – In: Kosmowska-Ceranowicz, B. & Paner, H. (Hrsg.): Investigations into Amber. – Proceedings of the International Interdisciplinary Symposium »Baltic Amber and Other Fossil Resins, 997 Urbs Gyddanyzc – 1997 Gdańsk«, 2.–6. September 1997, Gdańsk, Muzeum Archeologiczne w Gdańsku, S. 89–92, Gdańsk.

Russegger, J.v. (1843): Reisen in Europa, Asien und Afrika: mit besonderer Rücksicht auf die naturwissenschaftlichen Verhältnisse der betreffenden Länder, unternommen in den Jahren 1835 bis 1841; mit einem Atlas, enthaltend geographische und geognostische Karten, Gebirgsprofile, Landschaften, Abbildungen aus dem Gebiete der Flora und Fauna. 1. Bd.: Reise in Griechenland, Unteregypten, im nördlichen Syrien und südöstlichen Kleinasien ... im Jahr 1836. T. 2. – Schweizerbart, Stuttgart, S. 472–1102.

Sawkiewitsch, S.S. (1970): Jantar. – Nedra, Leningrad, 79 S.

Schlee, D. (1984a): Besonderheiten des Dominikanischen Bernsteins. – Stuttgarter Beiträge zur Naturkunde. Serie C 18: 63–71, Stuttgart.

Schlee, D. (1984b): Notizen über einige Bernsteine und Kopale aus aller Welt. – Bernstein Neuigkeiten. Stuttgarter Beiträge zur Naturkunde. Serie C 18: 29–37, Stuttgart.

Schlee, D. (1992): Riesenbernsteine in Sarawak, Nordborneo. – Lapis 17 (9): 13–23, München.

Schlüter, T. & Gnielinski, F. (1987): The East African Copal. Its geologic, stratigraphic, paleontologic significance and comparison with other fossil resins of similar age. – National Muzeum of Tanzania, Occasional Paper, Nr. 8: 1–32, Dar es Salaam.

Schmidt, A.R.; Perrichot, V.; Svojtka, M.; Anderson, K.B.; Belete, K.H.; Bussert, R.; Dörfelt, H.; Jancke, S.; Mohr, B.; Mohrmann, E.; Nascimbene, P.C.; Nel, A.; Nel, P.; Ragazzi, E.; Roghi, G.; Saupe, E.E.; Schmidt, K.; Schneider, H.; Selden, P.A. & Vávra, N. (2010): Cretaceous African life captured in amber. – Proceedings of the National Academy of Sciences of the United States of America 107 (16): 7329–7334, Washington.

Schröckinger, J.v. (1875): Ein neues fossiles Harz aus der Bukowina. – Verhandlungen der Kaiserlich-Königlichen Geologischen Reichsanstalt 1875 (8): 134–139, Wien.

Schubert, K. (1961): Neue Untersuchungen über Bau und Leben der Bernsteinkiefern (*Pinus succinifera* [Conw.] emend.) – Ein Beitrag zur Paläohistologie der Pflanzen. – Geologisches Jahrbuch Beihefte 45: 1–150, Hannover.

Sikorska-Piwowska, Z. & Kulicka, R. (1999): Mammalian ichnites in amber. – In: Kosmowska-Ceranowicz, B. & Paner, H. (Hrsg.): Investigations into Amber. – Proceedings of the International Interdisciplinary

Symposium »Baltic Amber and Other Fossil Resins, 997 Urbs Gyddanyzc – 1997 Gdańsk«, 2.–6. September 1997, Muzeum Archeologiczne w Gdańsku, S. 83–87, Gdańsk.

Sobecka, A. (2013): The development of the Malbork Amber Collection. – In: Kosmowska-Ceranowicz, B.; Gierłowski, W. & Sontag, E. (Hrsg.): The International amber researcher symposium »Amber. Deposits – Collections – the Market«, Gdańsk, Poland 22.–23.03.2013, S. 95, Gdańsk.

Sokołova, T. (1990): Amber-like fossil resins of Northern Siberia. – Prace Muzeum Ziemi 41: 161, Warszawa.

Stout, E.C.; Beck, C.W. & Kosmowska-Ceranowicz, B. (1995): Gedanite and gedano-succinite. – In: Anderson, K.B. & Crelling, J.C. (Hrsg.): Amber, resinite and fossil resins. – Symposium Series 617: 130–148, American Chemical Society Washington DC.

Stout, E.C.; Beck, C.W. & Anderson, K.B. (2000): Identification of rumanite (Romanian amber) as thermally altered succinite (Baltic amber). – Physics and Chemistry of Minerals 27: 665–678, Berlin, Heidelberg u.a.

Sukacheva, I.D.; Jeskov, K.J. & Vasilienko, D.W. (2010) [2005]: Inkluzje w żywicach kopalnych z kolekcji Instytutu Paleontologii w Moskwie. – In: Kosmowska-Ceranowicz, B. & Gierłowski, W. (Hrsg.) (2005): Bursztyn – poglądy, opinie. – Materialy seminarów z lat 2005–2009, S. 161–162, Gdańsk, Warszawa.

Szabó, J. (1871): Az ajkai kőszéntelep a Bakonyban. – Földtani Közlöny 1: 124–130, Budapest.

Szadziewski, R. & Sontag, E. (2001): Tiere im Bernstein. – In: Krumbiegel, G. & Krumbiegel, B. (Hrsg.): Faszination Bernstein. – Goldschneck-Verl., Korb, S. 51–71.

Tomczak, A.; Krzymińska, M.; Michałowska, M.; Mojski, J.E.; Pikies, R. & Zachowicz, J. (1990): Geological position of amber bearing deposits on the Vistula Bay Bar, Poland. – Prace Muzeum Ziemi 41: 160, Warszawa.

Trofimow, W.S. (1974): Jantar. – Nedra, Moskwa, 182 S.

Tschirch, A. & Stock, E. (1933): Die Harze. Die botanischen und chemischen Grundlagen unserer Kenntnisse über die Bildung, Entwicklung und Zusammensetzung der pflanzlichen Sekrete. – Bornträger, Berlin, 1: 1–418, 2: 1–1858.

Tyrrell, J.B. (1891): Fossil resin («amber«). – Summary reports on the operations of the Geological Survey for 1891 Annual Report 5: 14–15, Ottawa.

Vávra, N. (1984): »Reich an armen Fundstellen«: Übersicht über die fossilen Harze Österreichs. – Bernstein-Neuigkeiten. Stuttgarter Beiträge zur Naturkunde. Serie C 18: 9–14, Stuttgart.

Wagner-Wysiecka, E. & Ragazzi, E. (2011): Preliminary studies comparing the chemical composition of goitschite and Saxonian succinite. – In: Kosmowska-Ceranowicz, B. & Vávra, N. (Hrsg.): Eigenschaften des Bernsteins und anderer fossiler Harze aus aller Welt. – Proc. of the conference at the Scientific Centre of the Polish Academy of Sciences in Vienna, 21st–22nd June 2010, S. 65–78, Wien.

Wimmer, R.; Holz, U. & Rascher, J. (Hrsg.) (2004): Bitterfelder Bernstein: Lagerstätte, Rohstoff, Folgenutzung. – Exkursionsführer und Veröffentlichungen der Gesellschaft für Geowissenschaften 224: 1–85, Hannover.

Wolfe, A.P.; McKellar, R.V.; Tapert, R.; Sodhi, R.N.S. & Muehlenbachs, K. (2016): Bitterfeld amber is not Baltic amber: Three geochemical tests and further constraints on the botanical affinities of succinite. – Review of Palaeobotany and Palynology. 225 (February 2016): 21–32, Amsterdam u.a.

Wollmann, V. (1996): Der Bernsteinbergbau von Colti. – In: Ganzelewski, M. & Slotta, R. (Hrsg.): Bernstein. Tränen der Götter. – Katalog der Ausstellung, Bochum, S. 369–376.

Wu, R.J.C. (1998): Secrets of a lost world. Dominican amber and its inclusions. – Santo Domingo, 222 S.

Zherikhin, W.W.; Jeskov, K.J. & Sukacheva, I.D. (1999) (2005): Przegląd azjatyckich żywic kopalnych z inkluzjami. – In: Kosmowska-Ceranowicz, B. & Gierłowski, W. (Hrsg.) (2005): Bursztyn – poglądy, opinie. – Materialy seminarów z lat 1994–2004, S. 61–66, Gdańsk, Warszawa.

Zherikhin, W.W.; Jeskov, K.J. & Sukacheva, I.D. (2005): Mesozoic and Lower Tertiary resins in former USSR. – Estudios del Museo de Ciencias Naturales de Alava 14 (Núm. esp. 2): 119–131, Vitoria-Gasteiz.

Ziegler, G. & Liehmann, G. (2007): Gewinnung und Verwertung von Bitterfelder Bernstein. – Bitterfelder Heimatblätter Sonderheft 2007: 43–64, Bitterfeld.

Register

Agathis 25, 28 , 94, 110, 156, 157
A. australis 25, 28, 94, 110, 156
A. dammara 110, 157
Abies 24, 25
A. bituminosa 25
Absorptionsinfrarotspektroskopie 35
Acer 24
Adiantum 111
Ahorn 24
Ajkait 7, 20, 78, 146
akzessorisches Harz 7, 15, 20 f., 63 f., 67, 68, 75, 124
Alava-Bernstein 21, 58, 77
Alingit 146
Alter 7, 17 ff., 32, 47, 50, 77, 91, 96, 101, 105, 106, 107, 108, 109, 110, 118, 123, 125, 130
Altingiaceae 70
ambareros 101
Amberbaum 70
AMBERIF 111, 128, 133, 141, 157
Ambermart 133
Ambroid 138
Ameisen 55, 56, 58
Amphibien 95
Amphipoda 57
Amyrin (Alpha-, Beta-) 68, 89
Animebaum 76, 97, 98, 102, 103, 109, 110
Arachnida 55, 56
Araucariaceae 28, 94, 110
Araukarien 28, 94, 110
Araukariengewächse 28, 94, 110
archäologische Funde 10, 18, 87, 142
Arthropoden 9, 54, 55, 58, 77, 95, 98, 124, 149
Atlas-Zeder 25, 27
Autopodien 57
Azetylzellulose 157
Bakelit 158
Balanus 64, 128, 130
Balsambaumgewächse 67, 90, 102, 115
Baltische Schulter 28, 35
Bearbeitungsmethoden 137 ff.
Beckerit 8, 14, 20, 63, 70, 72, 73, 75
Bernstein, Alava- 21, 58, 77
Bernstein, äthiopischer 21, 102 f., 146
Bernstein, baltischer 9, 13, 14, 16, 18, 19, 20, 22, 23, 24, 28, 29 ff., 66, 68, 72, 76, 77, 79, 90, 95, 96, 108, 120, 124, 132, 137, 139, 142, 144, 145, 147, 148, 155, 161 ff.
Bernstein, Bearbeitungsmethoden 137 ff.
Bernstein, Bitterfelder 13, 18, 29, 46, 53, 66, 67, 38, 123, 124, 125
Bernstein, Borneo- 8, 15, 16, 20, 67, 83, 88 ff., 101, 115
Bernstein, chinesischer 58, 84, 87
Bernstein, dominikanischer 14, 15, 16, 20, 31, 37, 58, 94 ff., 104
Bernstein, Erd- 47, 49, 50
Bernstein, federiger 48, 49
Bernstein, französischer 76
Bernstein, Fushun- 20, 58, 83
Bernstein, geklärter 53, 138
Bernstein, geringelter 50
Bernstein, gestreifter 50
Bernstein, Herkunft 8, 11, 13, 15, 22 ff., 49, 85, 86, 102, 106, 112, 123
Bernstein, Honig- 50
Bernstein, japanischer 87
Bernstein, junger 15, 65, 104, 106 f.
Bernstein, Knochen- 7, 32, 49, 50, 61
Bernstein, Kraut- 50
Bernstein, Kreide- 48, 49, 50
Bernstein, lausitzer 14, 63, 67, 68
Bernstein, libanesischer 21, 23, 58, 83, 91 f., 101
Bernstein, Marmor- 50
Bernstein, mexikanischer 15, 20, 31, 100 f.
Bernstein, modifizierter (rekonstruierter) 54, 139, 160, 161
Bernstein, Oise- 20, 74
Bernstein, Rivne- 13
Bernstein, Roh- 10, 14, 32, 35, 44, 45, 87, 95, 100, 104, 105, 107, 111, 118, 119, 120, 128, 131, 137 ff., 141, 143, 147, 148, 151, 153, 156, 158, 161
Bernstein, Sachalin- 15, 20, 80, 83, 84, 87, 144
Bernstein, sächsischer 13, 20, 49, 43, 123
Bernstein, Schlacke- 49, 50
Bernstein, Schmelz- 139
Bernstein, schwarzer 8, 14, 71 ff.
Bernstein, sizilianischer 7, 15
Bernstein, Somerset- 20
Bernstein, spanischer 58, 77
Bernstein, ukrainischer 13, 14, 18, 20, 29, 30, 47, 53, 72, 73, 74, 80, 81, 121, 122
Bernstein, verwitterter 52, 53, 68, 96, 107, 132
Bernstein, von Sabah 114
Bernstein, Widerstandsfähigkeit 34
Bernstein, Wölkchen- 50
Bernstein, wolkiger 50, 79, 106
Bernstein, Zucker- 50, 51, 52, 53
Bernsteinerzeugnisse 10, 12, 15, 35, 47, 100, 123, 127, 128, 133 ff., 142, 148, 155, 156, 158, 161
Bernsteinfischen 15, 127, 131
Bernsteinformen 32, 36 ff., 131

Bernsteinformen, äußere 38, 39, 43, 44
Bernsteinformen, innere 41, 43, 44
Bernsteinformen, natürliche 32, 34, 39, 41, 43, 44, 45, 46, 113, 131
Bernsteinformen, stalaktitenförmige 30, 39, 40, 41, 42, 54, 60, 64, 66, 96, 99, 131, 132
Bernsteinformen, Tropfsteine 32, 38, 39, 40, 44, 60, 70, 96, 98, 113, 131
Bernsteinimitationen 36, 108, 112, 147, 148, 153 f., 161
Bernstein-Kiefer 25
Bernstein-Mutterbäume 8, 16, 24 ff., 28, 32, 37, 45, 97, 109
Bernsteinöl 139
Bernsteinsäure 28, 29, 30, 31, 33, 34, 35, 61, 62, 63, 64, 78, 80, 85, 86, 100
Bernsteinschmuck 7, 9, 10, 15, 74, 86, 90, 101, 123, 133 ff., 138, 143, 153
Bernsteinstraße 10, 133, 140 ff.
Bernsteinstraßen-Programm 141
Bernsteinvarietäten 7, 12, 13, 32, 33, 46 ff., 54, 59, 61, 63, 65, 68, 72, 79, 80, 87, 88, 89, 90, 91, 96, 97, 103, 106, 112, 113, 127, 128, 131, 132, 137, 138, 139, 143, 147, 148, 155
Bernsteinvarietäten, Klassifikation 50, 52
Bernsteinzimmer 134, 136 f., 143, 148, 153
Beta-Sterol ⇨ beta-Sterol 30
Blattodea 57
Blaue Erde 45, 65, 117, 118, 120, 122, 124, 125, 126
Brachycera 56, 98
Brack 32, 47, 49, 132
Brasierit 21
Brechungsindex 33, 66
Buche 24
Burmit 12, 20, 85 ff., 111
Bursera bipinnata 67
Burseraceae 67, 68, 90, 102, 115

Caesalpinioideae 37
Calyptratae 98
Canarium 68
Castanea 24
Cedarit 20, 32, 58, 92 ff., 101
Cedrus 25, 26, 27
C. atlantica 25, 27
Chemavinit, s. Cedarit
Chilopoda 56
Chiltonit 21
Chinazypresse 25, 26
Coleoptera 57
Collembola 57
Copaifera 109
Cotui-Kopal 23, 104, 109
Crustacea 55, 59
Cupressaceae 24, 64
Cupressospermum saxonicum 64
Cycadales 24

Dammarharz 157
Daniellia 109
D-Borneol 34
Delatynit 79, 80, 81, 146
Dermaptera 57
Detritus 33, 47, 49, 66, 68, 93, 123, 131, 132
Diagenese 91, 116
Dickkopffliegen 56
Diptera 56, 57, 98
Dipterocarpaceae 37, 90, 102, 115, 157
Dolichopodidae 56, 98
Duroplast 157, 158

Eiche 22, 24, 26, 27
Eidechsen 57, 58, 95, 141
Eierschale 98
Eintagsfliegen 57
Eis-Varietät 106
Elektron 11
Elemiharz 68
Elementaranalyse 66, 71, 73, 89, 91
Ephemeroptera 57
Erdbernstein 47, 49, 50
Eridanus 11, 117
Erweichungspunkt 33, 66, 106, 108
Erzeugnisse, Bernstein- 10, 12, 15, 35, 47, 100, 123, 127, 128, 133 ff., 142, 148, 155, 156, 158, 161
Erzeugnisse, Kopal- 108, 111, 156

Fadenwürmer 55
Fagus 24
Fälschung 8. 9. 112, 148, 155, 157, 158, 160
Feldspat 82, 101
Fichte 26
Flohkrebse 55, 57
Flügelfruchtgewächse 37, 90, 102, 115, 157
Flysch 78, 80, 81
Form in der Borke 41, 42
Form unter der Borke 41, 43
Form zwischen der Borke 41
Form, äußere 38, 39, 43, 44
Form, innere 41, 43, 44
Form, primäre 42, 131
Form, Riss- 41
Form, sekundäre 131
Form, Spalten- 41, 42, 44, 131
Formicidae 56
fossiler Kopal 109
fossiles Harz 7, 8, 14, 15, 16, 17, 18, 20, 21, 23, 29, 30, 31, 32, 36, 49, 63 ff., 66, 76, 77, 78, 80, 81, 82, 83, 85, 92, 101, 102, 103, 107, 108, 110, 112,

116, 117, 144, 146, 147, 148, 149, 155, 156
Fourier-Transformations-Infrarot Attenuated Total Reflection 35, 112
Frosch 95, 155
Fugenfüllung 38
Funkeln 139
Fushun-Bernstein 20, 58, 83

Gagat 71, 72, 74, 81, 101
Gagelstrauchgewächse 25
Galalit 158
Gammaridae 57
Gaschromatografie (GC) 35
Gas-Flüssigchromatografie (GLC) 36
Geckos 95
Gedanit 14, 15, 20, 21, 28, 34, 63, 64 ff., 78, 104, 106, 107
Gedano-Succinit 14, 28, 65
Geode 60, 62
geosynklinale Sedimentation 82
Gintara gestuosa 56
Glaukonit 60, 82, 118, 123
Glessit 7, 14, 16, 20, 33, 37, 63, 66 ff., 74, 75, 88 ff., 101, 102, 115, 116, 145
Glessit-Gruppe 91, 102, 145
Gliedertiere 55
Glimmer 82, 96, 101, 123
Glyptostrobus 25, 26
Goitschit 7, 14, 20, 75
Grauwackesandstein 23, 82
Gussform 41

Hamamelidaceae 70
Harz, akzessorisches 7, 15, 20 f., 63 f., 67, 68, 75, 124
Harz, Dammar- 157
Harz, Elemi- 68
Harz, Formen 32, 36 ff., 50, 60, 84, 90, 98, 111, 113, 131, 147 f., 153
Harz, fossiles, s. fossiles Harz
Harz, Kunst- 156
Harz, subfossiles, s. subfossiles Harz
Harz, synthetisches, s. synthetisches Harz
Harztasche 41, 43
Hautflügler 57
Haversche Kanäle 99
Hemiptera 57
Heteroptera 56
Heuschrecken 57
Highgate-Kopalit 20
Holotypus 149
Honigbernstein 50
Hundertfüßer 56
hydraulische Bohrlochmethode 131
Hymenaea 37, 76, 97, 98, 102, 103, 109, 110
H. courbaril 97
H. protera 98
H. verrucosa 109
Hymenoptera 56, 57

Ilex 24
Imitation 34, 108, 112, 147, 148, 155 ff., 161
Infrarotspektroskopie 25, 26, 29, 35, 64, 70, 82, 94, 97, 112
Inkluse, diagnostische 24
Inklusen 16, 22, 24, 25, 27, 33, 37, 41, 43, 48, 54 ff., 76, 77, 84, 86, 91, 93, 94, 95, 96, 97, 98, 99, 100, 101, 103, 104, 109, 110, 124, 133, 141, 142, 144, 145, 146, 147, 148, 149, 154, 155, 158
Inklusen, anorganische 59 ff.
Inklusen, pflanzliche 9, 24, 27, 33, 47, 49, 59, 97, 132, 149
Inklusen, tierische 16, 54 ff., 77, 91, 97, 104, 110, 124, 144, 149
Inkohlungsgrad 91
Insecta 56
Insekten 55, 56, 57, 100, 101, 111
Isoptera 57

Jantar 16
Jaulingit 146
Jelinit 92, 94
Johannisbrotgewächse 37
junger Bernstein 15, 65, 104, 106 ff.

Käfer 57, 98
Kalzit 31, 82, 89, 90
Kampfer 157
Karbonatgestein 82
Kastanie 24
Kauri-Baum 25, 28, 94, 110
Kaurifichte 156
Kauri-Gummi 110, 111
Kauriharz 64
Kaurikopal, s. Kopal
Kent-Kopalit 20
Kern-Magnetresonanzspektrometrie (NMR) 36, 112
Kerze 41, 42
Kiefer 22, 24, 25, 26, 44, 105
Klärung 24, 125, 137, 139
Kleinschmetterlinge 59
Knochenbernstein 7, 32, 49, 50, 61
Köcherfliegen 57
Kohlenlagerstätte 7, 29, 88, 94, 101
Kohleschiefer 94
Kolophonium 15, 65, 104, 105 f., 107, 108, 139
Kolophonium, rezentes 106
Kolophonium, subfossiles 106
Kopal 7, 8, 15, 23, 32, 65, 87, 101, 102, 104, 106, 107 ff., 153, 156 f., 161
Kopal, afrikanischer 102, 108, 109 f.
Kopal, aus Malaysia 157
Kopal, brasilianischer 109
Kopal, Cotui- 23, 104, 109
Kopal, Kauri- 108, 109, 110, 156, 161
Kopal, kolumbianischer 8, 109, 111 ff., 115, 156, 157, 161
Kopal, Manila- 109, 110, 157
Kopal, Sansibar- 109
Kopal, von Borneo 114
Kopal, von Mizuni 109
Kopalimitationen 156 f.
Kopalit, Highgate- 20
Kopalit, kaukasischer 20, 78

Kopalit, Kent- 20
Krantzit 20, 30, 74, 146
Krautbernstein 50
Krebstiere 59
Kreidebernstein 48, 49, 50
Kruste 41, 43, 44, 50, 127, 128
Küken-Krallen 98, 99
Kunstharz 156
Küstenmammutbaum 24, 80

Lacertidae 58, 141
Lagerstätte, holozäne 124 ff.
Lagerstätte, paläogene 14, 45, 66, 68, 95, 116 ff., 125, 132
Lagerstätte, pleistozäne 108, 124 ff.
Lagerstätte, primäre 18, 20, 76, 91, 116
Lagerstätte, sekundäre 18, 19, 29, 92, 116
Lärche 24, 38, 40, 44, 55
Larix 26, 38, 40
Lateritsedimente 92
Lauraceae 24
Lebensbäume 24
Leguane 95
Leguminosae 37, 76, 80, 97, 109, 157
Lepidoptera 57
Liquidambar europaeum 70
L. styraciflua 70
Lorbeergewächse 24
Löslichkeit 33, 34, 85, 108

Magnolia 24
Magnolie 24
Marmorbernstein 50
Massenspektrometrie 35
Massenspektroskopie 35
Membranipora 128, 130
Mikoszewit 106
Mikrohärte 31, 32, 66, 68, 70, 73, 74, 93
Mikrokristalle 33, 61, 62
Milben 55
Misch-Varietät 88, 89
Mo Clay 22
Modifizierung 138, 139
Mohssche Skala 31, 64, 66, 85, 94
Moostierchen 128, 130
Muckit 145
Muskovit 123
Mutterbaum 8, 16, 24, 25, 26, 28, 32, 37, 45, 97, 109
Myriapoda 55, 56
Myricaceae 25

Naturform 38, 39, 42, 84, 147, 148, 153
Nematoda 55
Nematoden 55
Neolithikum 10, 142, 152
Netzflügler 57
Netzwanzen 56
Neuroptera 57
Nicolet-Spektrometer 113
Nitrozellulose 157
Novolack 156, 158, 160
Nucras succinea 57

Ohrwürmer 57
Orogenese 78, 79
Orthoptera 57

Palaeogammarus polonicus 59
Paläolithikum 10
Palmfarn 24
Pappel 11, 25
Phenoplast 158
Picea 26
Pinaceae 24, 26, 28
Pinites succinifera 25
Pinus 24, 25, 26, 44, 105
P. succinifera 25
P. sylvestris 44, 105
Plaffeiit 20
Polyester 156, 159, 161
Polymerisation 74, 78, 116, 158
Polystyren 69, 70, 71
Polystyrol 68, 70, 158, 159
Populus 25
Pressbernstein 35, 54, 72, 74, 138, 158
primäre Lagerstätte 18, 20, 76, 91, 116
Pseudoinkluse 59, 60
Pseudolarix wehrii 25, 26, 28
Pseudoschieferung 101
Pseudoskorpione 55
Psocoptera 57, 98
Pyrit 60, 61

Quarz 17, 31, 60, 62, 82
Quercus 24, 26, 27

Rädertierchen 55
Radiokarbondatierung 87, 107
Radiokarbonmethode 19, 108, 109, 130
Raman-Spektroskopie 89
Raucherutensilien 81, 156
Reptilien 95
Resinit 30
Resolan 158, 160
Retinit 20, 29, 30, 66, 77, 78, 79, 81
Retinit, Taimyr- 20
Rinde 32, 37, 39, 40, 41, 43, 44, 45, 48, 51, 138
Rissform 41
Rohbernstein 10, 14, 32, 35, 44, 95, 100, 105, 119, 120, 128, 131, 137 f., 141, 143, 147, 148, 151, 153, 156, 158
Rotifera 55
Rumänit 7, 15, 20, 23, 78 ff., 87, 146, 158
Rumänit-Gruppe 81, 82, 86, 87
Rumänit, Sachalin- 15, 20, 80, 84, 87
Rumänit, türkischer 20, 81 f.

Salbaum 90
Salix 25
Sammlungen 8, 10, 38, 63, 104, 128, 144, 146 ff., 160
Sandstein 23, 77, 80, 82, 95, 96, 101, 102
Schaben 57
Schaumstruktur 62
Scheibeit 67, 68
Schiefer 80, 81, 89, 94
Schlack 32, 47, 49, 50, 132
Schlackebernstein 49, 50
Schmelzbernstein 139

Schmelzpunkt 33, 64, 66, 80, 106, 108, 156
Schmetterlinge 57, 59
Schmetterlingsblütengewächse 37, 76, 80, 97, 109, 157
Schmuckbernstein 33, 46, 50
Schmuckstein 9, 161
Schnabelkerfe 57
Schnecken 55
Schorf 37, 40, 41, 43, 44
Schraufit 80, 81, 146
Schuppen 54, 139
Schwarzharz 14, 71, 73, 74
Schweine 57
Seepocken 64, 128, 130
sekundäre Lagerstätte 18, 19, 29, 92, 116
Sequioxylon gypsaceum 80
Sequoia 24, 26, 80
S. sempervirens 80
Shorea robusta 90
Siegburgit 8, 14, 20, 31, 32, 68 ff., 146
Silikatgestein 82
Simetit 7, 15, 20, 100, 156, 158
Sinalda 56
Spaltenform 41, 42, 44, 131
Spinnen 55, 56, 101
Springschwänze 57
Stalaktit 30, 39, 40, 41, 42, 54, 60, 64, 66, 96, 99, 131, 132
Stantienit 8, 14, 20, 63, 71 ff., 75
Staubläuse 57, 98
Stechpalme 24
Styresol 159
subfossiles Harz 7, 8, 15, 17ff., 23, 36, 104 ff., 146, 155, 156, 159, 161
Succinellit 29
Succinilacerta succinea 58, 141
Succinit, s. auch baltischer Bernstein
Succinitbestimmung 35
Succinoabietinol 34
Succinoabietinolsäure 34
Succinoresen 34
Succinosilvinsäure 34
Succinum 13
Suidae 57
Sumpfzypressengewächse 24, 80
synthetisches Harz 71, 156, 157, 159, 160, 161

Tanne 24
Tausendfüßer 55, 56
Taxodiaceae 24, 80
Taxoxylum electrochyton 25
Termiten 57
Thermogravimetrie (TG) 19, 102
Thermoplast 157
Thio-Grade 30
Thio-Succinit 30
Thripse 57
Thuja 24
Thysanoptera 57
Tingidae 56
Tonstein 77, 78, 89
Tortricidae 59
Trichoptera 57
Trinkerit 146
trockene Destillation 31, 138
Tropfen 39, 42, 43, 88, 90, 131, 132, 153
Tropfsteinform 32, 39, 40, 44, 60, 113, 131
Tuff 88, 89
Tuffit 22

Ulmen 80
Ulmus 80

Valchovit 18, 20, 78, 145
Varietät 7, 12, 13, 32, 33, 46 ff., 59, 61, 63, 65, 68, 72, 79, 80, 81, 87, 88, 89, 90, 91, 96, 97, 103, 106, 112, 113, 114, 127, 128, 131, 132, 137, 138, 139, 143, 147, 148, 155, 159
Varietät, primäre 32, 33, 50, 51, 128, 132
Varietät, sekundäre 32, 50, 51, 52, 53, 65, 131, 132
Verwitterungsrinde 51, 138
Verwitterungsschicht 48, 51, 122, 128, 143
Vogelhaut 98, 99
Vogelküken 98, 99
vulkanische Aktivität 22, 23, 82, 88
vulkanische Asche 23
vulkanische Sedimente 92, 110
Vulkanismus 22, 89
Vulkanit 102
Vulkantätigkeit 22, 88

Wald-Kiefer 44, 105
Weiden 25
Weihrauch 7, 12
Wickler 59
Wölkchenbernstein 50
wolkiger Bernstein 50

Zamia 24
Zaubernussgewächse 70
Zeder 25, 26, 27
Zelluloid 157, 158, 161
Zimtsäure 69
Zuckerbernstein 50, 52
Zweiflügler 57
Zypressengewächse 24, 64

Dank

Die Herausgabe des Buches wäre ohne die umfangreiche finanzielle Unterstützung von verschiedenen Einrichtungen nicht möglich gewesen. Autorin, Übersetzer, Verein und Verlag möchten sich deshalb sehr herzlich bei den Sponsoren bedanken:

Die im Verein Natur- und Regionalgeschichte tätige Fachgruppe Geologie, Mineralogie und Bergbaugeschichte Bitterfeld pflegt seit langem enge fachliche und persönliche Beziehungen zur Autorin und zu zahlreichen weiteren polnischen Fachkollegen, die sich mit dem Thema Bernstein beschäftigen. Es war daher ein besonderes Anliegen des Vereins, mit der Herausgabe der deutschen Fassung des Buches diese engen Kontakte zu würdigen und für die fruchtbare Zusammenarbeit zu danken.

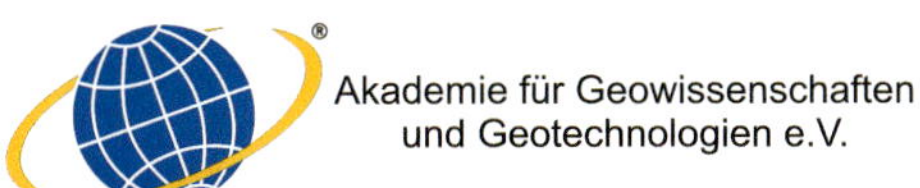

Akademie für Geowissenschaften und Geotechnologien e.V., Clausthal-Zellerfeld / Greifswald,
vertreten durch den Präsidenten, Herrn Dr. Bodo-Carlo Ehling

Stiftung der Kreissparkasse Bitterfeld, vertreten durch den Vorstandsvorsitzenden,
Herrn Axel Koß und stellvertretenden Vorsitzenden, Herrn Andreas Czaja

Natur- und Regionalgeschichte Bitterfeld e.V., Fachgruppe Geologie, Mineralogie und Bergbaugeschichte,
Bitterfeld, vertreten durch den Vereinsvorsitzenden, Herrn Roland Wimmer

Benndorfer Brunnen- und Spezialtiefbau GmbH und Co. KG, vertreten durch die Geschäftsführer,
Herrn Klaus-Jörg Mäder und Herrn Rüdiger Nathrath

Brunnen- und Bohrlochinspektion GmbH, vertreten durch die Geschäftsführer,
Herrn Michael Maurer und Herrn Wolfgang Voigt

Zur Autorin

Barbara Kosmowska-Ceranowicz im Museum der Erde in Warschau, 2017

Professor Barbara Kosmowska-Ceranowicz, studierte Geologin, ist eine herausragende Bernsteinforscherin. Sie arbeitete seit 1956 am Museum der Erde der Polnischen Akademie der Wissenschaften in Warschau. Von 1974 bis 2007 und von 2008 bis 2010 war sie die Leiterin der Bernsteinabteilung und davor Leiterin der geologischen Abteilung. Ihr Hauptarbeitsgebiet umfasst die Bernsteinlagerstätten, deren weltweite Verbreitung sowie die Bestimmung und die Methoden zur Bestimmung fossiler Harze.

Barbara Kosmowska-Ceranowicz ist Mitglied der Polnischen Geologischen Gesellschaft. Sie war Gründungsmitglied der Arbeitsgruppe Organische Mineralien innerhalb der Internationalen Mineralogischen Gesellschaft, die seit 1985 über 25 Jahre tätig war. Sie ist ebenfalls Gründungsmitglied und Expertin für Bernstein und andere fossile Harze in der Polnischen Gemmologischen Gesellschaft, Mitglied in der Internationalen Bernstein Vereinigung, im Welt-Bernstein-Rat mit Sitz in Danzig und Mitglied im Bernstein-Arbeitskreis Hamburg.

Seit 1993 widmet sie sich der Vermittlung von Wissen über Bernstein im Rahmen der AMBERIF Handelsmesse in Danzig und seit 2001 auf der »Gold-Silber-Zeit« – Schmuck- und Uhrenmesse in Warschau.

Barbara Kosmowska-Ceranowicz hat ca. 250 wissenschaftliche und populärwissenschaftliche Veröffentlichungen über Bernstein verfasst und zahlreiche Konzepte und Szenarien für polnische und internationale Bernsteinausstellungen erarbeitet.

Als Beraterin koordiniert sie bei zahlreichen polnischen und internationalen Forschungsprojekten die nationale und internationale interdisziplinäre Zusammenarbeit unter den Bernsteinforschern.